Linux 操作系统基础和网络应用实践

莫裕清　肖瑶星　著

U0157919

汕头大学出版社

图书在版编目（CIP）数据

Linux 操作系统基础和网络应用实践 / 莫裕清，肖瑶
星著 . -- 汕头：汕头大学出版社，2023.8
ISBN 978-7-5658-5118-6

Ⅰ．①L… Ⅱ．①莫… ②肖… Ⅲ．① Linux 操作系统
Ⅳ．① TP316.85

中国国家版本馆 CIP 数据核字（2023）第 153578 号

Linux 操作系统基础和网络应用实践
Linux CAOZUO XITONG JICHU HE WANGLUO YINGYONG SHIJIAN

作　　者：莫裕清　肖瑶星
责任编辑：宋倩倩
责任技编：黄东生
封面设计：瑞天书刊
出版发行：汕头大学出版社
　　　　　广东省汕头市大学路 243 号汕头大学校园内　邮政编码：515063
电　　话：0754-82904613
印　　刷：廊坊市海涛印刷有限公司
开　　本：710mm×1000 mm　1/16
印　　张：18
字　　数：275 千字
版　　次：2023 年 8 月第 1 版
印　　次：2024 年 4 月第 1 次印刷
定　　价：88.00 元
ISBN 978-7-5658-5118-6

作者简介：

莫裕清，女，1977 年 9 月生，中共党员，本科学历，硕士学位。2001 年毕业于湖南师范大学计算机科学教育专业，获理学学士学位，2014 年毕业于湖南大学计算机技术专业，获工程硕士学位。一直从事计算机软件、硬件教育教学与研究，主编《Linux 应用基础网络教程》一本。从 2018 年开始深入网络安全技术研究，独著《恶意代码分析研究》一部。公开发表计算机论文 10 余篇，其中北大核心 3 篇、EI 检索 2 篇；获专利与软件著作权 4 项；主持厅级及以上课题 3 项，其中一项获结项成果"二等奖"。

肖瑶星，硕士，信息系统项目管理师。从事计算机相关专业教学十余年，教学经验丰富，主要研究方向为网络存储、网络安全技术。主持省市级课题 3 项，参与省市级课题 4 项，指导学生参加省市专业技能比赛获奖多项，教师职业能力竞赛教学能力比赛获奖 2 项。湖南省普通高校青年骨干教师，湖南省普通高校访问学者，参与省市级精品课程，参与湖南省技能抽测题库建设工作，在教育教改刊物上发表多篇文章。

前　言

  Linux 操作系统是开源的、免费的、安全稳定性较高的、多任务多线程的网络操作系统，在企事业单位的网络服务器建设中应用比较广泛。目前，在市面上有很多发行版，红帽公司的 Linux 操作系统在国际上应用比较广泛，其最新的服务器版本 Red Hat Enterprise Linux 8.4 在 Linux 操作系统基础和服务器建设上都有值得深入研究的地方。

  本书针对 Linux 操作系统的基本特性及完善的服务器功能特征等，引入大量企业实践案例，深入浅出地分析了 Linux 操作系统基础命令和服务器配置技巧方法等，具有较强的可研究性和实操性。

  （1）项目案例性强

  内容注重实操，采用大案例一贯到底的方式，拆分多个子案例，贯穿到各个章节中，实用性非常强，并且通俗易懂。

  （2）课程资源丰富

  有配套的在线省级配套课程资源，可在线免费学习，平台上配备各个章节的网络教学视频、教学 PPT、课程设计、教案、任务书和在线作业等资源。平台网址为 https://www.xueyinonline.com/detail/217322324，或扫描封面二维码进入在线课程资源。

  （3）注重理论与实践深度融合

  针对企事业单位中构建中小型网络的实际情况，设计了 10 个文中案例。共有 13 个项目，项目一至项目六为安装 Linux 操作系统、基础命令、磁盘管理、用户管理、系统安全和基础网络配置进行了介绍；项目七至项目十三对配置各种类型的网络操作系统服务器进行了介绍。每章都有案例操作实践，理论与实践进行了深度融合，实践性强。

  （4）适合群体

  适合 Linux 操作系统爱好者自学使用，适合作为高职、本科院校 Linux 专业课程的教学教程使用，也可以作为 Linux 考证培训使用。

本著作由本人和肖瑶星老师共同编著。本人完成了项目一、二、三、五、六、九、十、十三，并完成最后的校对与审稿。肖瑶星老师编著完成了项目四、七、八、十一、十二。由于编者水平有限，书中难免存在一些疏漏之处，希望读者能够提出宝贵意见，有任何疑问可联系作者。邮箱为 moyuqing@mail.hniu.cn。

莫裕清

2023 年 5 月于湖南长沙

目　录

项目一　安装 Linux 操作系统

项目任务

- 安装 Red Hat Linux 8.4 操作系统。

任务分解

- Linux 磁盘分区；
- 安装 Linux 操作系统。

项目目标

- 修改管理员 root 用户密码；
- 掌握 Linux 操作系统的特点、应用领域及各版本区别；
- 掌握安装 Linux 操作系统的方法；
- 熟悉 Linux 操作系统图形界面的基本功能。

1.1　Linux 概述

Linux 是一个自由、免费、源码开放的操作系统，也是一个十分著名的开源软件，其最主要的目的就是为了建立不受任何商品化软件版权制约的、全世界都能使用的类 UNIX 兼容产品。Linux 的功能相当丰富，它可以作为服务器操作系统，也可以作为办公用的桌面系统，其功能与 Microsoft 公司推出的 Windows 操作系统相当。

1.1.1　特点

Linux 起源于古老的 UNIX。1969 年，贝尔实验室（AT&T）的系统程序设计人员 Ken Thompson（肯·汤普森）利用一台闲置的 PDP-7 计算机设计了一种多用户、多任务的操作系统。随后，Dennis Richie（丹尼斯·里奇）也加入了这个项目，他们共同努力，开发了最早的 UNIX。

早期的 UNIX 由汇编语言编写而成，但它在第 3 个版本时用 C 语言进行了重写。后来，UNIX 逐渐走出实验室并成为了主流操作系统之一，但是 UNIX 通常是企业级服务器或工作站等级的服务器上所使用的操作系统，而这些较大的计算机系统一般价格不菲，因此难以普及使用。

UNIX 强大的功能使得许多开发者希望在相对廉价的计算机上开发出具有相同功能并且免费的类 UNIX 操作系统。Linux 操作系统就是在这样的背景下出现的。

Linux 操作系统诞生于 1991 年 10 月，是由芬兰赫尔基大学计算机系学生 Linux Torvalds（林纽克斯·托瓦兹）开发的。他将 Linux 内核源代码公布到 Internet 上，使之成为开源的自由软件。开发 Linux 的初衷就是制作一个类 UNIX 操作系统，因此，Linux 是一个具有全部 UNIX 特征的操作系统。Linux 的命令与 UNIX 所使用的命令在名称、格式以及功能上都基本相同。从 1991 年 Linux 诞生到现在的 20 多年中，Linux 在世界各地计算机爱好者的共同努力下得到了迅猛的发展，才有了今天的辉煌。现在，使用 Linux 操作系统的人数仍在不断增长。而这些都与 Linux 的良好特性分不开。Linux 包括以下几个方面的特点。

1.自由软件

首先，Linux 可以说是开放源码的自由软件的代表。作为自由软件，它有如下两个特点：一是它开放源码并对外免费提供；二是爱好者可以按照自己的需要自由修改、复制和发布程序的源码，并公布在 Internet 上，因此 Linux 操作系统可以从互联网上很方便地免费下载得到。由于可以得到 Linux 的源码，所以操作系统的内部逻辑可见，这样就可以准确地查明故障原因，及时采取相应对策。在必要的情况下，用户可以及时地为 Linux 打"补丁"，这是其他操作系统所没有的优势。同时，这也使得用户容易根据操作系统的特点构建安全保障系统，不用担心那些来自不公开源码的"黑盒子"式的系统预留"后门"的意外打击。当然，用户如果想阅读或修改 Linux 系统的源代码，必须具有相关的程序知识才可以。另一方面，Linux 上运行的绝大多数应用程序也是可以免费获取的。因此，使用 Linux 操作系统，可以省去使用其他操作系统所需的大笔费用。

2.极强的平台可伸缩性

Linux 可以运行在 386 以上及各种 RISC 体系结构的机器上。Linux 最早诞生于微机环境，一系列版本都充分利用了 X86CPU 的任务切换能力，使 X86CPU 的效能发挥得淋漓尽致，而这一点连 Windows 都没有做到。Linux 能运行在笔记本电脑、PC、工作站甚至巨型机上，而且几乎能在所有主要 CPU 芯片搭建的体系结构上运行（包括 Intel/AMD 及 HP-PA、MIPS、PowerPC、UltraSPARC、ALPHA 等 RISC 芯片），其伸缩性远远超过了 NT 操作系统目前所能达到的水平。

3. UNIX 的完整实现

从发展的背景看，Linux 与其他操作系统的区别在于，Linux 是从一个比较成熟的操作系统（UNIX）发展而来的，UNIX 上的绝大多数命令都可以在 Linux 里找到并有所加强。我们可以认为它是 UNIX 系统的一个变种，因而 UNIX 的优良特点如可靠性、稳定性以及强大的网络功能，强大的数据库支持能力以及良好的开放性等，都在 Linux 上一一体现了出来。在 Linux 的发展过程中，Linux 的用户能大大地从 UNIX 团体贡献中获利，它能直接获得 UNIX 相关的支持和帮助。

4.多任务多用户工作环境

所谓的多用户，是指不同用户可以同时使用系统资源，每个用户对自己的资源（如文件、设备）有特定权限并且互不影响。而多任务是指计算机可以同时执行多个程序，并且各个程序之间相互独立运行。只有很少的操作系统能提供真正的多任务能力，尽管许多操作系统声明支持多任务，但并不完全准确，如 Windows。而 Linux 则充分利用了 X86CPU 的任务切换机制，实现了真正多任务、多用户环境，允许多个用户同时执行不同的程序，并且可以给紧急任务以较高的优先级。

5.友好的用户界面

Linux 为用户提供了图形界面和字符界面两种操作界面。Linux 的图形用户界面，即 X Window 系统。在 X Window 系统中，可以做微软系统

Windows 下的所有事情，而且更有趣、更丰富，用户甚至可以在几种不同风格的窗口之间来回切换。

Linux 的字符界面，即传统用户界面，是基于文本的命令行——shell。用户通过在字符界面输入相关的配置命令来使用操作系统。

6.具有强大的网络功能

实际上，Linux 就是依靠互联网才迅速发展起来的，所以 Linux 具有强大的网络功能也是自然而然的事情。它可以轻松地与 TCP/IP、LAN Manager、Windows for Workgroups、Novell Netware 或 Windows NT 网络集成在一起，还可以通过以太网或调制解调器连接到 Internet 上。Linux 在通信和网络功能方面优于其他操作系统，其他操作系统不具备如此紧密地将内核结合在一起的网络连接能力。Linux 不仅能够作为网络工作站使用，还可以胜任各类服务器，如 X 应用服务器、文件服务器、打印服务器、邮件服务器、新闻服务器等。

7.开发功能强

Linux 支持一系列的 UNIX 开发，它是一个完整的 UNIX 开发平台，几乎所有的主流程序设计语言都已移植到 Linux 上并可免费得到，如 C、C++、Fortran77. ADA、PASCAL、Modual2 和 3、Tcl/TkScheme、SmallTalk/X 等。

8.安全性强

Linux 采用多种安全技术保护系统安全，如带保护的子系统、核心授权、数据的读写权限、审计跟踪等，这为网络多用户环境中的用户提供了必要的保障。

9.可移植性强

Linux 可以从一个硬件平台移到另一个硬件平台，并保持正常运行。Linux 不受硬件平台的限制，可以在微型计算机、大型计算机等任何环境及任何平台运行。Linux 的可移植性为 Linux 运行于不同计算机平台时与其他设备进行通信提供了准确、有效的保证，避免增加特殊且昂贵的通信接口。

1.1.2 Linux 内核（kernel）版本

Linux 有两种版本，一种是内核（kernel）版，一种是发行（distribution）版。其中，内核版是指 Linux 系统的核心部分，是由 Linux

Torvalds 开发小组开发的，并将源码发表在互联网上；发行版是指由不同的公司或组织将 Linux 内核与应用程序、文档组织在一起，构成的一个完整的操作系统，供用户使用。

内核版的序号由三部分数字构成，其形式为 major.minor.patchlevel，其中，major 为主版本号，minor 为次版本号，二者共同构成了当前内核版本号。patchlevel 表示对当前版本的修订次数。例如，2.2.11 表示对内核 2.2 版本的第 11 次修订。根据约定，次版本号为奇数时，表示该版本加入新内容，但不一定稳定，相当于测试版；次版本号为偶数时，表示这是一个可以使用的稳定版本。鉴于 Linux 内核开发工作的连续性，内核的稳定版本与在此基础上进一步开发的不稳定版本总是同时存在，建议采用稳定的核心版本。

内核所管理的一个重要资源是内存。Linux 支持虚拟内存，即计算机中运行的程序（程序代码、堆栈、数据）的总量可以超过实际内存的大小，操作系统将正在使用的程序保留在内存中运行，而其余的程序块则保留在硬盘中，由操作系统来负责程序在硬盘和内存空间中的交换。内存管理从逻辑上可以分为硬件相关部分及硬件无关部分，硬件相关部分为内存的硬件管理提供了虚拟接口，而硬件无关部分提供了进程的映射和逻辑内存的对换。内存管理的源代码存放在./linux/mm 中。

1.1.3 Linux 的发行版本

Linux 发行版，即为一般使用者预先整合好的 Linux 发行套装，一般使用者不需要重新编译，在直接安装之后，只需要小幅度更改设定就可以使用，通常以软件包管理系统来进行应用软件的管理。Linux 发行版通常包含了桌面环境、办公套件、媒体播放器、数据库等应用软件。这些操作系统一般由 Linux 内核以及来自 GNU 计划的大量函式库和基于 X Window 的图形界面组成。

由于大多数软件包是自由软件和开源软件，所以 Linux 发行版的形式多种多样——从功能齐全的桌面系统、服务器系统到小型系统。除了一些定制软件（如安装和配置工具），发行版通常只是将特定的应用软件安装在一堆函式库和内核上，以满足特定使用者的需求。

Linux 发行版可以分为商业发行版和社区发行版。商业发行版较为知名的有 Fedora（Red Hat）、openSUSE（Novell）、Ubuntu（Canonical 公司）和 Mandriva Linux；社区发行版由自由软件社区提供支持，如 Debian 和 Gentoo；也有发行版既不属于商业发行版也不属于社区发行版，其中以 Slackware 最为众人所知。下面介绍一下各个发行版本的特点。

1. Red Hat

Red Hat，应该称为 Red Hat 系列，包括 RHEL（Red Hat Enterprise Linux，也就是所谓的 Red Hat Advance Server 收费版本）、FedoraCore（由原来的 Red Hat 桌面版本发展而来，免费版本）、CentOS（RHEL 的社区克隆版本，免费）。Red Hat 应该是国内使用人数最多的 Linux 版本，甚至有人将 Red Hat 等同于 Linux。这个版本的特点是用户数量大，资料非常多，而且网上的 Linux 教程一般都是以 Red Hat 为例来讲解的。Red Hat 系列的包管理方式采用的是基于 RPM 包的 YUM 包管理方式，包分发方式是编译好的二进制文件。稳定性方面 RHEL 和 CentOS 的稳定性非常好，适合于服务器使用，但是 Fedora Core 的稳定性较差，最好只用于桌面应用。

2. Debian

Debian，或者称 Debian 系列，包括 Debian 和 Ubuntu 等。Debian 是社区类版本 Linux 的典范，是迄今为止最遵循 GNU 规范的 Linux 系统。Debian 最早由 Ian Murdock 于 1993 年创建，分为三个版本分支：stable、testing 和 unstable。其中，unstable 为最新的测试版本，它包括最新的软件包，但是也有相对较多的 bug，适合桌面用户。testing 的版本经过 unstable 中的测试，相对较为稳定，也支持了不少新技术（如 SMP 等）。而 stable 版本一般只用于服务器，当中的软件包大部分都比较过时，但是稳定性和安全性都非常高。Debian 安装简单方便，可以通过光盘、软盘、网络等多种方式进行安装。Debian 的资料也很丰富，有很多支持的社区。

3.Ubuntu

Ubuntu 严格来说不能算作一个独立的发行版本，Ubuntu 是基于 Debian 的 unstable 版本加强而来的，可以说，Ubuntu 就是一个拥有 Debian 的所有优点，以及自己所加强的优点的近乎完美的 Linux 桌面系统。与大多数发行版附带数量巨大的软件不同，Ubuntu 的软件包清单只包含高质量的重要应用程序。根据桌面系统的不同，Ubuntu 有三个版本可供选择：基于 Gnome 的 Ubuntu、基于 KDE 的 Kubuntu 以及基于 Xfc 的 Xubuntu。Ubuntu 可分为桌面版和服务器版。桌面版可实现分发表单、查阅电子邮件、浏览网页等许多操作。服务器版建立在稳健的 Debian 服务器版本之上，具有稳定、安全的平台性能，可运行最好的自由软件。Ubuntu 的特点是界面非常友好，容易上手，对硬件的支持非常全面，是最适合做桌面系统的 Linux 发行版本。

4.Gentoo

Gentoo，是 Linux 世界最年轻的发行版本，正因为年轻，所以能汲取在它之前的所有发行版本的优点，这也是 Gentoo 被称为最完美的 Linux 发行版本的原因之一。

5.FreeBSD

需要强调的是，FreeBSD 并不是一个 Linux 系统，但 FreeBSD 与 Linux 的用户群有相当一部分是重合的，二者支持的硬件环境也比较一致，所采用的软件也比较类似，所以可以将 FreeBSD 视为一个 Linux 版本来比较。

FreeBSD 拥有两个分支：stable 和 current。顾名思义，stable 是稳定版，而 current 则是添加了新技术的测试版。FreeBSD 采用 Ports 包管理系统，与 Gentoo 类似，基于源代码分发，必须在本地机器编译后才能运行。FreeBSD 的最大特点就是稳定和高效，是作为服务器操作系统的最佳选择，但对硬件的支持没有 Linux 完备，所以并不适合作为桌面系统。

1.1.4 Linux 的应用领域

Linux 从诞生到现在，已经在各个领域得到了广泛应用，显示出了强大的生命力，其优异的性能、良好的稳定性、低廉的价格和开放的源代码，给全球的软件行业带来了巨大的影响。

Linux 的应用领域主要可以分为四类：桌面、服务器、嵌入式和云计算领域。

1.桌面领域

在桌面领域中，Windows 占有绝对优势，其友好的界面、易操作性和多种多样的应用程序是 Linux 所缺乏的，所以 Linux 的长处在于服务器和嵌入式两个方向。随着 Linux 操作系统在图形用户接口方面和应用软件方面的发展，Linux 在桌面应用方面得到了显著的提高，现在完全可以作为一种集办公应用、多媒体应用、网络应用等多方面功能为一体的图形界面操作系统。

2.服务器领域

在网络服务器方面，Linux 的市场占有率是最高的。并且，由于 Linux 内核具有稳定性、开放源代码等特点，使用者不必支付大笔费用，Linux 获得了戴尔、SUN、IBM 等世界著名厂商的支持。作为服务器操作系统，更被看重的是稳定性、安全性、高效以及网络性能，Linux 操作系统在这些方面都表现优秀，所以 Linux 操作系统在服务器领域的应用会越来越广泛。

3.嵌入式领域

嵌入式 Linux 是按照嵌入式操作系统的要求设计的一种小型操作系统，由一个 Kernel（内核）及一些根据需要进行定制的系统模块组成。存储 Kernel 的空间一般只需要几百 KB，即使已经包含了其他必要的模块和应用。小型的嵌入式 Linux 系统一般由 Linux 微内核、引导程序、初始化进程三部分组成。嵌入式的 Linux 系统的开发应用市场也在逐渐扩大。除了 VALinux、Red Hat 等传统的 Linux 公司在进行嵌入式 Linux 系统的开发研究，其他一些传统的大公司如 IBM、Intel 等和 Lineo、TimeSys 等一些新公司，以及如 Lynx 等一些开发专用嵌入式操作系统的公司也都在进行嵌入式 Linux 开发。Linux 可以广泛地应用于各种设备，如机顶盒、掌上电脑、车载盒、移动设备、信息家电及工业控制等智能信息产品。手持设备、信息家电等的市场容量远高于 PC，可见嵌入式 Linux 具有强大的生命力及使用价值，所以越来越多的高校及企业愿意对它进行研发。

4.云计算领域

长期以来，Linux 系统一直备受云计算青睐。云计算中一个最重要的组件就是虚拟化。目前虚拟化比较出名的几款软件，如 VMware、Xen、KVM 都是以 Linux 为核心。Eucalyptus、Cloudstack、Openstack 这些开源软件所涉及的很多组件都是基于 Linux 的。随着云计算的发展，越来越多的公司或者研发机构，都是在利用一些开源的系统，而 Linux 作为开源鼻祖，其重要性不言而喻。

1.2　Red Hat Enterprise Linux8.4的安装

要构建 Linux 服务器，必须先安装 Linux 操作系统，Red Hat 公司是全球最大的 Linux 操作系统厂商，Red Hat Linux 在全球应用十分广泛。Red Hat Enterprise Linux 8.4（RHEL8.4）是 Red Hat 公司于 2021 年 5 月 19 日发布的。该版本智能的管理特性和企业级安全性能有所增强，边缘计算功能在前期版本基础上做了改进，其混合云和边缘计算功能得到凸显，为企业提供了一个内聚的、统一的基础设施架构以及最新的服务环境，包括 Linux 容器、大数据以及跨物理系统、混合云平台和边缘计算等。本节就 Red Hat Enterprise Linux 8.4 的安装和管理进行简介。

1.2.1　安装前的准备

在安装 Linux 操作系统前，首先需要注意一些基本问题，并对整个安装过程进行规划，才能保证操作系统的成功安装。

1.硬件要求

早期的 Linux 只支持少数显卡、声卡，随着 Linux 这些年的发展，内核不断完善，Linux 已经可以支持大部分的主流硬件。

用较低的系统配置提供高效的系统服务是 Linux 设计的初衷之一，所以安装 Linux 没有严格的系统配置要求。

以下为 Red Hat Enterprise Linux 8.4 安装的基本配置要求。

（1）处理器（CPU）

CPU 采用 Pentium Ⅲ 或更高性能的处理器。如果只使用文本模式，建议使用的 CPU 为 1GB 以上；如果需要使用图形模式，建议使用 1.5GB 以上的 CPU。

（2）内存

文本模式推荐使用 512MB 或更大的内存。用户所安装的服务包越多，被服务的客户端越多，则所需的内存就会成倍增加。

（3）硬盘

所需硬盘空间视安装的软件包和数量而定，一般对其分配 20GB 初始硬盘空间。

2.系统硬件设备型号

安装操作系统时必须要考虑的一个问题是硬件的兼容性，Red Hat Enterprise Linux 8.4 对于大多数知名厂商按国际标准生产的计算机硬件都可以兼容，而少数没有按国际标准生产的"杂牌"产品，是否可以支持 Red Hat Enterprise Linux 8.4 需要进行兼容测试。在选购硬件设备的时候可以去查看 redhat 网站提供的经过兼容性测试和认证的"硬件兼容性列表"（网址为 https://hardware.redhat.com），以确定自己的配置是否在清单之中。

3.与其他操作系统并存的问题

Linux 支持在一个计算机中安装多个操作系统，它通过 GRUB（Grand Unified Boot Loader）多重启动管理器来管理操作系统的并存问题，保证各操作系统可正常引导启动。它可以引导 Linux、DOS、OpenBSD 和 Windows 等操作系统。在计算机启动时，GRUB 将提供菜单让用户选择需要启动的系统。GRUB 的菜单配置文件 grub.conf 位于 /run/media/root/RHEL-8-4-0-BaseOS-x86_64/isolinux/目录下，用户可以手动修改它。

4.安装方式

Linux 系统与 Windows 系统一样，可以采用多种安装方式，主要支持光盘安装、硬盘安装、网络安装三种方式。

（1）光盘安装

直接通过安装光盘进行安装，是最简单、最方便的一种方式，推荐初学者使用这种方式。在这种方式中，用户只需设置计算机从光驱引导，把安装光盘放入光驱，重新引导系统，在安装界面选择 Enter 键，即可进入图形化的安装界面。

（2）硬盘安装

在没有 Linux 安装光盘的情况下，可将网上下载的 Linux 的 ISO 镜像文件复制到硬盘上进行安装。启动镜像文件中的系统安装程序，按照程序提示步骤安装即可。

（3）网络安装

可以访问存有 Linux 安装文件的远程 FTP、远程 HTTP、远程 NFS 服务器，进行网络安装。

5.硬盘分区和磁盘格式化

在安装 Linux 操作系统之前，首先应该了解一些关于硬盘分区和磁盘格式化的知识，以利于顺利安装 Linux 操作系统。

硬盘在使用前要进行分区，硬盘分区主要分为基本分区（primary partion）和扩展分区（extension partion）两种。基本分区和扩展分区的数目之和只能小于等于 4 个，而且基本分区不能再进行分区但可以直接使用，而扩展分区不能直接使用，必须经逻辑分区后才能使用。逻辑分区没有数量限制，即一个扩展分区可以分成 N 个逻辑分区。

在 Linux 操作系统中用户使用设备名访问设备，硬盘也是如此。

IDE 硬盘通过驱动器标识符"hdx～"表示，"hd"表示分区的设备类型为 IDE 硬盘，"x"表示盘号（a 代表第一块硬盘，b 代表第二块硬盘，以此类推）。"～"代表分区，前 4 个分区——主分区或扩展分区可用数字 1 到 4 表示，逻辑分区号从 5 开始，如"hda5"表示系统的第一个 IDE 接口硬盘的第 5 个分区，也就是逻辑分区。

SCSI 硬盘驱动器标识符为"sdx～"，其中"sd"表示分区所在的设备类型，其余则和 IDE 硬盘的表示方法一样。

在 DOS 或 Windows 操作系统中使用盘符来代表不同的分区，如图 1-1 所示，本机的 Windows 系统有 4 个分区，分别用字母 C、D、E、F 表示。

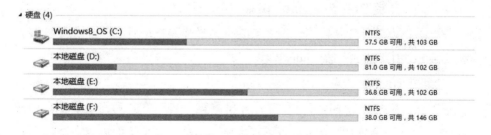

图1-1　Windows分区

对于 Red Hat Enterprise Linux 8.4 操作系统，无论有多少个分区，无论分配给哪一个目录使用，最终都只有一个根目录，所有的分区及文件都位于根目录下。

目前的操作系统都采用了虚拟内存技术，Windows 操作系统使用交换文件实现这一技术，而 Linux 系统使用的是交换分区技术。因此，安装 Windows 操作系统时只需要一个分区即可，而 Linux 操作系统的安装至少需要两个分区：一个是根分区，另外一个则是交换分区（Swap Space）。

磁盘格式化在操作系统中的功能主要用于定义磁盘上存储文件的方法和数据结构，是操作系统组织、存取和保护信息的重要手段。每种操作系统都有自己的磁盘格式化。Windows 的磁盘格式化主要有 FAT16、FAT32 以及 NTFS，而 Linux 操作系统所支持的磁盘格式化有 ext2、ext3 以及 ext4 等。

6.Linux 的分区方案

安装 Linux 操作系统时，需要在硬盘上建立 Linux 所使用的分区，建议至少有 3 个分区。

（1）/boot 分区

/boot 分区用于引导系统，包含了操作系统的内核和在启动系统过程中所要用到的文件，建议该分区的大小为 100MB 以上。

（2）根分区--/

Linux 将大部分的系统文件和用户文件都保存在根分区中，一般要求大于 5GB，如果硬盘空间足够大，那么可以按需求增大根分区空间。

（3）swap 分区

swap 分区的作用是实现虚拟内存，其大小通常是物理内存的 2 倍左右。

1.2.2 安装 Red Hat Enterprise Linux 8.4

下面介绍在一台全新的、没有安装其他操作系统的计算机中使用安装光盘安装 Red Hat Enterprise Linux 8.4。

1.设置 BIOS 从光驱启动

打开计算机，在 BIOS 中设置计算机的第一启动方式为光驱启动，如图 1-2 所示（不同版本的 BIOS 设置方式有所不同，请参见主板说明书设置）。

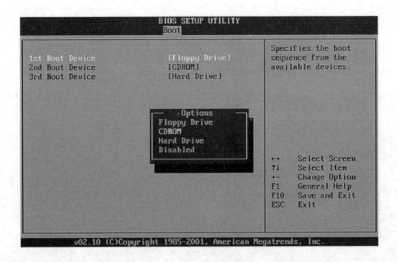

图1-2　在BIOS中设置光驱启动优先

2.选择安装模式

保存 BIOS 设置并退出后，将 Red Hat Enterprise Linux 8.4 的安装光盘放入光驱，成功引导系统后，出现图 1-3 所示界面，有三个选项供用户选择。

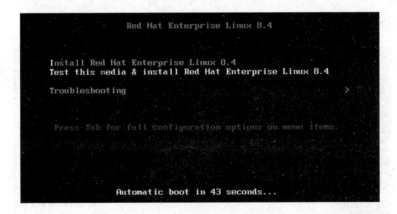

图1-3　安装模式界面

界面说明：

Install Red Hat Enterprise Linux 8.4 建议该分安装 RHEL 8.4

Test this media & install Red Hat Enterprise Linux 8.4 //测试安装文件并安装 RHEL 8.4

Troubleshooting //修复故障

这里选择第一项，安装 Red Hat Enterprise Linux 8.4，按回车键，进入图 1-4 所示的界面，默认开始进入硬件自检。

```
[  OK  ] Started udev Wait for Complete Device Initialization.
        Starting Device-Mapper Multipath Device Controller...
[  OK  ] Started Device-Mapper Multipath Device Controller.
[  OK  ] Reached target Local File Systems (Pre).
[  OK  ] Reached target Local File Systems.
        Starting Create Volatile Files and Directories...
        Starting Open-iSCSI...
[  OK  ] Started Open-iSCSI.
        Starting dracut initqueue hook...
[  OK  ] Started Create Volatile Files and Directories.
[  OK  ] Reached target System Initialization.
[  OK  ] Reached target Basic System.
/dev/sr0:    b4052a5bc27d803Zf6742b33f3fc95be
Fragment sums: f79dfed11cf63e76eeb27a555eccf3ef818f955fee718abfd221167e1792
Fragment count: 20
Supported ISO: yes
Press [Esc] to abort check.
Checking: 098.9%_
```

图1-4　硬件自检

3.选择语言

使用鼠标选择想在安装中使用的语言。一般情况下，选择"简体中文"或"繁体中文"，当然，你也可以根据自己的喜好选择语言。语言选择界面如图 1-5 所示。

图1-5　语言选择界面

14

4.安装信息摘要

在安装信息摘要界面时，可根据界面上的按钮进行相应的设置。界面总体分为 3 个部分、7 个选项按钮。

本地化：日期和时间、语言支持、键盘。

软件：安装源、软件选择。

系统：安装位置、网络和主机名。

当出现警告符号标记时，该按钮是强制的，页面底部会出现一条注释警告，用户必须完成这部分的配置才可继续安装。

图 1-6 所示为软件安装源已定位至本地介质，安装位置为已选择自动分区（可单击"安装位置"按钮，自行定义分区，如果初学者对在系统上分区信心不足，建议不要选择手工分区，而是让安装程序自动分区）。

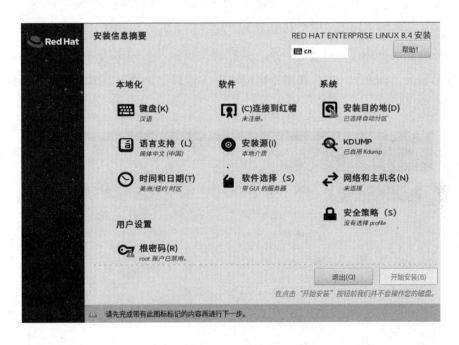

图1-6　安装摘要信息界面图

这里单击"软件选择"按钮进入软件选择界面，设置安装"带 GUI 的服务器"，如图 1-7 所示。

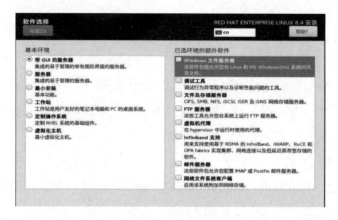

图 1-7　软件选择界面

单击"网络和主机名"按钮进入"网络和主机名"界面，如图 1-8 所示，可见连接名称为"ens160"，单击"配置"按钮，在弹出的对话框中修改连接名称为"eth0"，也可在对话框的"IPv4 设置"页面设置 IP，设置完毕后保存并退出。

图 1-8　网络和主机名界面

退回安装信息摘要界面，单击"开始安装"按钮，进入图 1-9 所示的安装界面。

5.密码设置

安装完成后，可单击"ROOT 密码"按钮，进入 ROOT 密码设置界面设置密码，如图 1-10 所示。设置 ROOT 口令是安装过程中最重要的步骤之一。ROOT 账户与 Windows 系统中的管理员账号类似。ROOT 账户被用来安装软件包、升级 RPM 以及执行多数系统维护工作。ROOT 账户对系统有绝对的控制权。建议创建非 ROOT 账户来进行日常工作，只有在进行系统管理时才使用 ROOT 账户。

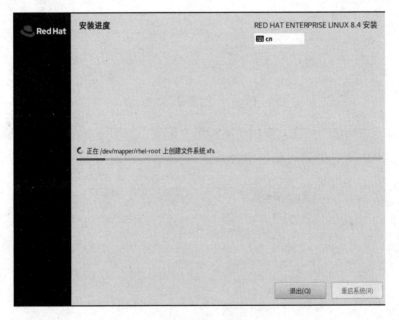

图1-9　安装界面

图1-10　ROOT密码设置界面

6.创建用户

如需创建用户，在安装信息摘要界面单击"创建用户"按钮，进入"创建用户"界面，如图 1-11 所示，设置用户名、密码。

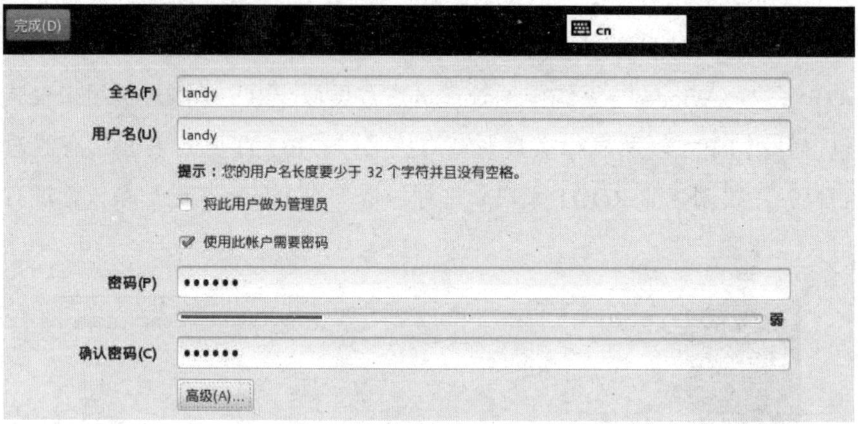

图1-11　创建用户界面

单击"高级"按钮，弹出"高级用户配置"界面，可在此设置用户的主目录、用户和组 ID 等，如图 1-12 所示。

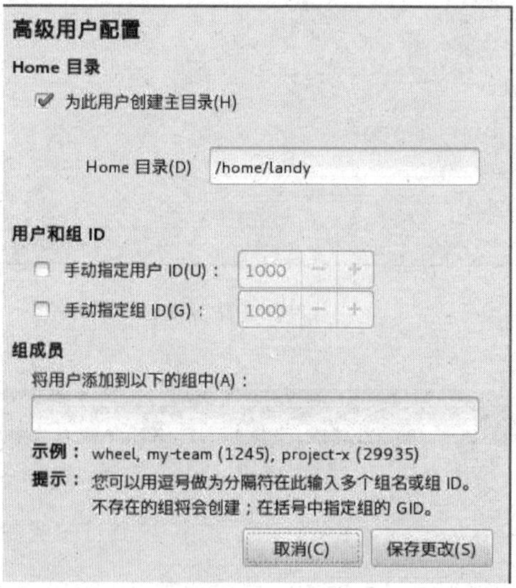

图1-12　高级用户配置界面

7.完成安装

设置完成后，单击"重启系统"按钮，如图 1-13 所示。

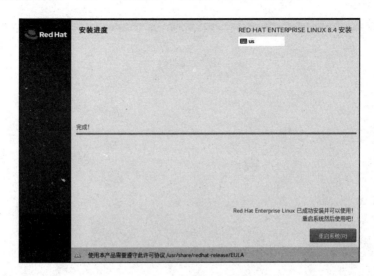

图1-13　配置界面

全部安装完成后，系统提示重启，此时就完成了全部安装。

8.初始设置

重启后，进入初始设置界面，如图 1-14 所示，单击"许可信息"按钮，进入许可信息页面，同意许可协议，完成配置。也可在初始设置界面创建用户。

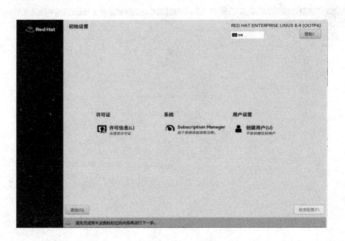

图1-14　初始设置

9.欢迎界面

完成初始设置后，进入图 1-15 所示的欢迎界面。

图1-15　欢迎界面

10.建立本地账号

在建立本地账号界面，设置本地账号的全名、用户名及密码，如图 1-16
所示。

图1-16　本地账号界面

11.使用系统

在桌面窗口，点击"活动"开始使用系统，如图 1-17 所示。

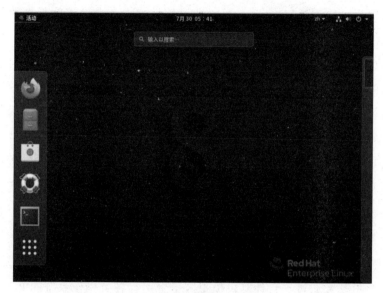

图1-17 系统桌面

1.2.3 删除 Red Hat Enterprise Linux 8.4

删除 Red Hat Enterprise Linux 8.4 分为两种情况：一种情况是 Linux 操作系统没有与其他系统共存并且不需要保留硬盘上的数据，则可将整个硬盘格式化后重新建立分区；另一种情况是 Linux 操作系统与其他操作系统共存时，启动的决定权由 GRUB 引导程序来确定，则不能直接将硬盘格式化，需要使用 Windows 工具盘中的 fdisk 命令将 GRUB 程序删除，并重新建立分区表，再使用 Windows 的磁盘管理工具将 Linux 分区删除。通过上述操作，Linux 操作系统将完全从本机中删除，并且不会影响 Windows 操作系统的操作。

1.3 虚拟机中安装 Red Hat Enterprise Linux 8.4

在虚拟机中可以安装多个操作系统，并且可以在相互之间切换使用，方便用户进行实验操作。同时，在虚拟机中安装操作系统与在真实计算机中进行安装的步骤基本相同。

1.3.1 虚拟机简介

虚拟机（Virtual Machine）可以通过软件模拟一个完整的具有计算机硬件功能，在虚拟机软件中运行的计算机系统。

通过虚拟机软件在一台物理机上模拟一台或多台虚拟计算机，可以在这些模拟的计算机上安装操作系统、安装应用程序、访问网络、编写程序、运行服务器等，就像一台真正的计算机系统在工作一样。从用户角度看，它仅仅是在物理机上运行的一个软件应用；但是对于虚拟机系统中的软件，它就是一台真正的计算机。所以，用户在虚拟机的操作系统中过量运行程序时，系统也是会崩溃的，只是崩溃的是虚拟机软件中操作系统，并不是真实物理机操作系统。

通常，运行虚拟机软件的操作系统被称为宿主操作系统，而在虚拟机里运行的操作系统被叫作客户操作系统。

虚拟机软件通过一台计算机模拟若干台运行各类操作系统的 PC，它们之间各自独立运行互不干扰，实现了物理机上同时运行多个操作系统，并且系统间可以通过网络互联。

由于虚拟机是将两台以上计算机的任务集中在一台物理计算机上执行，所以对硬件如 CPU、内存、硬盘的要求比较高。目前计算机的 CPU 多数在 Intel 酷睿 I3、I5 以上，硬盘都是几百 GB，CPU 和硬盘的配置完全能满足要求。关键是内存的配置，内存如果太小，则运行虚拟机会比较吃力。内存的需求为多个操作系统需求的总和，所以可根据自己运行虚拟机的情况确定内存大小。现在内存的价格也很便宜，不会成为虚拟机使用的障碍。

1.3.2 VMware 与 Virtual PC

现在常用的虚拟机软件主要是 Virtual PC 和 VMware（VMWare ACE），它们功能一样，都能在 Windows 系统上虚拟多个计算机。

1.VMware

Vmware 是一款比较出名的虚拟机软件，用户量较大。通过 Vmware 可以在一台物理机器上同时运行两个或更多的 DOS、Windows、LINUX 系统。与"多启动"系统相比，VMWare 可以同时运行多个操作系统，并且可以在操作系统之间切换，就像切换应用程序一样，而多启动系统在一个时刻只能运行一个系统，如果切换系统需要重新启动机器。用户可以在 VMWare 中的每个操作系统用户进行虚拟分区、配置，这些操作不影响物理硬盘的数据，并且可以通过网卡将几台虚拟机互联为一个局域网，极其方便。当然安装在 VMware 中的操作系统的相较于物理机上的操作系统更适于学习和测试。

Vmware 主要产品分为面向企业的 VMware ESX Server 和 VMware GSX Server，以及面向个人用户的 VMware Workstation。其中，VMware ESX Server 自己就是一个操作系统，可通过它管理硬件资源，将所有的系统都安装在它的上面，可以完成远程 Web 管理和客户端管理；VMware GSX Server 需要安装在操作系统之上，同样也可以实现远程 Web 管理和客户端管理；而 VMware Workstation 也需要安装在操作系统之上，但是不具备远程 Web 管理和客户端管理的功能。

VMWare 网络连接有五种工作模式，即桥接模式（bridged）、NAT 模式（网络地址转换模式）、仅主机模式（host-only）、自定义（特定虚拟网络）和 LAN 区段。为了更好地在网络管理和维护中应用这几种模式，先了解一下这几种工作模式的异同。

（1）桥接模式（bridged）：这种方式为虚拟机中的操作系统虚拟出独立的网卡，相当于在网络中独立地配置了一台计算机，与物理机同在一个网络中，需要独立地设置自身 IP 地址。

（2）仅主机模式（host-only）：在某些特定需求的网络环境中，需要将真实环境和虚拟环境隔离，这时可采用 host-only 模式。在 host-only 模式中，内部虚拟网络与外部真实网络隔绝，可提高内网安全性，所有的虚拟系统是可以相互通信的，但是不能连接 Internet，它们就相当于两台机器通过双绞线互连。在这种模式下，虚拟系统的 IP 地址、网关地址、DNS 服务器等 TCP/IP 配置信息，都是由 VMnet1（host-only）虚拟网络进行设置。如果想通过 VMWare 创建一个与网内其他机器相隔离的虚拟系统，可以选择 host-only 模式，有些大型服务商会使用这个功能。

（3）NAT 模式（网络地址转换模式）：NAT 模式可使虚拟系统借助 NAT（网络地址转换）功能借由宿主机器也就是物理机所在的网络访问公网，

即通过 NAT 模式可以实现在虚拟机的操作系统访问互联网。NAT 模式的优势是在宿主机器能访问互联网的前提下，用户不需要进行任何其他的配置，可以简单方便地将虚拟系统接入互联网。如果用户想在 VMware 的虚拟系统中不用进行任何手动配置就能直接访问互联网，可以采用 NAT 模式。

（4）自定义（特定网络）：在虚拟机中预定了一些特定网络 VMnet0~VMnet19，其中 VMnet1 被分配给仅主机模式，VMnet8 被分配给 NAT 模式，虚拟操作系统网络连接选择某个相同的特定网络，虚拟机会将对应的操作系统放置到这一个指定网络中，从而独立于其他网络。

（5）LAN 区段：将虚拟机中的操作系统独立地放到一个 LAN 区段，实现独立组网，对这个 LAN 区段的虚拟主机进行网络管理。

2.Virtual PC

Virtual PC 原来是 Connectix 公司的虚拟机产品，但在 2003 年 2 月被微软公司收购。微软在收购 Connectix 公司后，很快发布了新的虚拟机产品 Microsoft Virtual PC。

Virtual PC 目前最新版本是 Virtual PC 2007。Virtual PC 2007 是一个虚拟化或模拟程序，可在用户的计算机上创建虚拟计算机。虚拟机可与主机共享以下系统资源：随机存取内存（RAM）、硬盘空间和中央处理器（CPU）。用户可使用的主要优点是能够以任何顺序安装操作系统，无须进行磁盘分区。用户可以在用户的桌面上最小化或展开虚拟 PC 窗口，就像对程序或文件夹进行此操作一样，并且可以在该窗口和其他窗口之间切换。用户也可以在虚拟机上安装程序，向虚拟机中保存文件，并暂停虚拟机，以便使它停止使用主机上的计算机资源。

3.VMware 与 Virtual PC 的区别

（1）VMware 没有模拟显卡，如果要实现高分辨率和真彩色的显示结果，只能通过 VMware-tools 配置，否则只能用 VGA。而 Virtual PC 则模拟了一个比较通用的显卡：S3 Trio 32/64（4M）。所以 Virtual PC 显示性能是没有 VMware 好的，但是因为 Virtual PC 模拟了显卡，所以通用性比 VMware 强。

（2）VMware 与 Virtual PC 的网络共享方式不同。VMware 是通过模拟网卡实现网络共享，而 Virtual PC 是通过在现有网卡上绑定 Virtual PC emulated switch 服务实现网络共享的，既不用桥接，也不用 NAT 共享设置，直接可把虚拟机作为同一子网下的一台电脑使用。

1.3.3　安装 VMware Workstation16

目前主流的虚拟机软件是 VMware Workstation 16。它在性能方面作出了全新的提升与优化，延续了 VMware 的传统，即提供技术专业人员每天在使用虚拟机时所依赖的领先功能和性能。允许专业技术人员在同一个 PC 上同时运行多个基于 x86 的 Windows、Linux 和其他操作系统以开发、测试、演示和部署软件。用户可以在虚拟机中复制服务器、台式机和平板计算机环境，并为每个虚拟机分配多个处理器核心、千兆字节的主内存和显存，而无论虚拟机位于个人 PC 还是私有企业云中。借助对最新版 Windows 和 Linux、最新的处理器和硬件的支持以及连接到 VMware vCloud Air 的能力，它是提高工作效率、节省时间和征服云计算的完美工具。

VMware Workstation 16 的安装过程比较简单，双击安装文件后，按照弹出框的提示选择合适的选项进行安装。安装完毕可看到图 1-21 所示的软件界面。

图1-21　VMware Workstation 16界面

在 VMware Workstation 安装完成后，默认没有配置虚拟计算机，更不用说操作系统，所以需要用户先创建虚拟计算机，再在虚拟计算机中安装操作系统。

如需要在 VMware Workstation 16 中创建虚拟机安装 Red Hat Enterprise Linux 8.4，则需要准备 Red Hat Enterprise Linux 8.4.iso 镜像光盘。启动 VMware Workstation 16，在弹出的界面中单击"创建新的虚拟机"，如图1-22 所示。

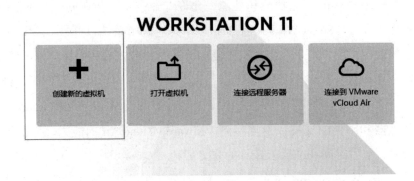

图1-22　VMware Workstation 16界面——创建虚拟机

在弹出的"欢迎使用新建虚拟机向导"页面中，选择"标准（推荐）"类型进行配置，如图 1-23 所示。在"新建虚拟机向导"页面中，定位安装盘镜像文件所在目录，如图 1-24 所示。

图 1-23　新建虚拟机向导配置界面　　　图 1-24　新建虚拟机镜像文件界面

接下来，用户只需根据提示依次单击"继续"按钮，设置系统安装路径及磁盘大小即可。最后虚拟机启动后，开始进行 Red Hat Enterprise Linux 8.4

的安装，安装步骤与在真实的计算机上安装 Red Hat Enterprise Linux 8.4 相同，这里就不再赘述。

1.4　项目实训

实训任务

在虚拟机 VMware Workstation 16 中安装 Red Hat Enterprise Linux 8.4。

实训目的

通过本节操作，熟悉虚拟机的操作及安装 Red Hat Enterprise Linux 8.4 的步骤。

实训步骤

STEP 1 启动 VMware Workstation 16，单击"创建新的虚拟机"，如图 1-25 所示。

图1-25　VMware Workstation 16界面

STEP 2 在弹出的"欢迎使用新建虚拟机向导"页面中，选择"标准（推荐）"类型进行配置，如图 1-26 所示。在"新建虚拟机向导"页面中，保持"稍后安装操作系统"单选按钮的选中状态，如图 1-27 所示。

图1-26　新建虚拟机向导配置界面　　　　图1-27　新建虚拟机镜像文件界面

STEP 3 在"选择客户操作系统"界面，客户机操作系统选择"Linux"单选按钮，版本下拉列表中选中"Red Hat Enterprise Linux 8.4 64 位"，如图 1-28 所示。

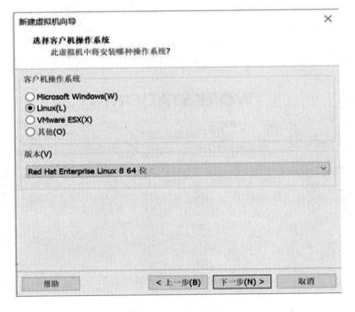

图1-28　选择客户操作系统界面

STEP 4 在"虚拟机名称"界面，虚拟机名称默认为"Red Hat Enterprise Linux 8.4 64 位"，设置安装位置如图 1-29 所示。

STEP`5]指定虚拟机占用的磁盘空间，如图 1-30 所示。

STEP`6]单击"继续"按钮，完成虚拟机的初始设置，进入图 1-31 所示
界面，单击"开启此虚拟机"。

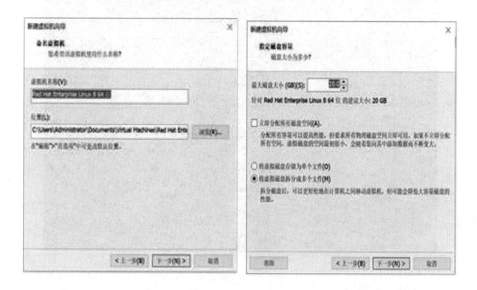

图1-29　设置虚拟机存放路径　　　　　图1-30　磁盘容量设置界面

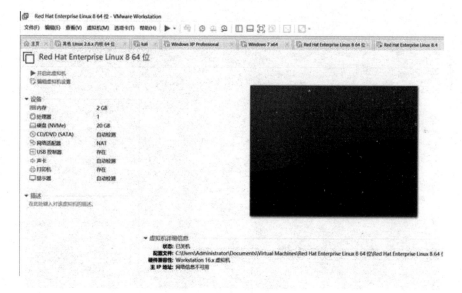

图1-31　虚拟机界面

STEP 7 虚拟机经过一系列的启动流程，进入安装界面开始安装，如图 1-32 所示。

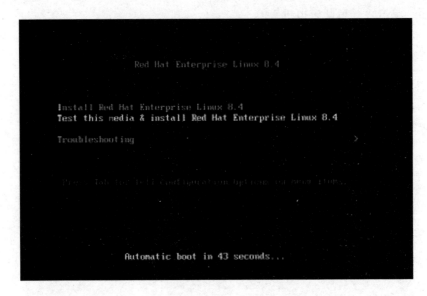

图1-32　安装界面

STEP 8 安装完毕后，进入图 1-33 所示的 Red Hat Enterprise Linux 8.4 的桌面。

图 1-33　RHEL8.4 桌面

项目二　Linux 常用命令与文档编辑

项目任务

使用 Linux 常用命令管理 Linux 操作系统，并应用 vim 编辑器或 vi 编辑器编辑文档。

任务分解

- 使用 Linux 常用基础命令完成一些基本配置；
- 使用 vi 编辑器或 vim 编辑器对文档进行基础操作。

项目目标

- 掌握 Linux 常用基础命令的使用；
- 掌握 vi 编辑器或 vim 编辑器的使用。

2.1　Linux 基础操作

公司中有一台已经安装好 Red Hat Linux8.4 操作系统的主机，管理员用户要对该 Linux 操作系统进行管理，如要编辑文件\实现软件包管理、开启相应的服务等。这需要系统管理人员熟悉 Linux 操作系统常用的基础命令，从而对系统、服务或一些文件进行管理。

2.1.1　Linux 系统终端

1.字符终端

在桌面窗口中选择"活动"，用鼠标点击"终端"，打开字符终端窗口，如图 2-1 所示。字符终端为用户提供了一个标准的命令行接口输入命令。在字符终端窗口中，会显示一个"[ ]"，在"[ ]"里面有一些特殊的字符，表示特定的含义，如"[root@localhost~]#"表示当前是管理员用户 root 在执行操作，localhost 表示主机名称，~表示当前用户的家目录/root，#表示 shell 提示符，说明是管理员用户在进行操作。

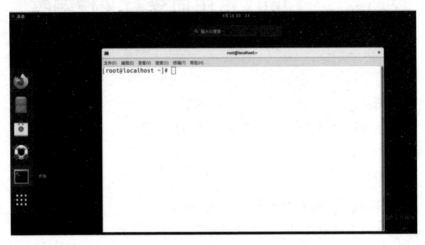

图2-1　字符终端窗口

在命令行的提示符后可输入带有参数和选项的命令，命令的执行结果也可在命令行窗口显示。如命令执行完毕后会出现一个新的提示符，则可输入新的命令。

字符终端窗口中出现的 shell 提示符因用户不同而有所差异，"$"为普通用户的命令提示符，"#"为超级管理员用户的命令提示符。

2.虚拟终端

Linux 操作系统能够实现多用户登录，不同的用户可以同时通过虚拟终端窗口登录访问系统资源。

系统有 4 个字符模式的虚拟终端窗口，通过 Ctrl+Alt+（F3～F6）组合键进行切换。字符模式虚拟终端窗口切换至图形化界面窗口，可通过 Ctrl+Alt+F2 切换，或通过字符模式虚拟终端输入 startx 切换。

2.1.2 Linux 命令基础

Linux 系统中的命令是区分大小写的，命令格式如下所示：

命令名［选项］［参数］

例如：shutdown -h now

注意：命令名、选项与参数、参数与参数间必须用空格分开。

1.Tab 键

Tab 键可在命令行输入命令时自动补齐命令，即输入命令的前几个字母，按下 Tab 键，系统则自动补齐该命令，如果以这几个字母开头的命令不止一个，则显示所有以输入字符开始的命令。

在按 Tab 键进行命令或文件名补全时，如果系统只找到一个和输入字符相匹配的目录或文件，则自动补全；如果有多个命令或文件匹配字符或没有能匹配的内容，则系统发出警鸣声，再按一次 Tab 键将列出所有相匹配的内容，以方便用户选择。

2.向上和向下光标键

可以通过光标键的向上键或向下键翻阅曾经执行过的历史命令。

如果要在一个命令行上输入、执行多条命令，可以使用分号分隔命令，例如："cd /root;ls"；如果需要程序后台运行，可在执行的命令后加上一个"&"符号即可，例如："find / -name named.conf &"。

2.1.3 常用命令

1.pwd 命令

pwd 命令用于显示用户当前所在的目录。如果用户不知道自己当前所处的目录，就可以使用这个命令获得当前所在目录。

例如：

[root@localhost ~]# pwd

/root

2.cd 命令

用户登录系统后首先位于用户的家目录，即用户的主目录中，该目录的目录名一般以/home 开始，后跟对应用户名，该目录即为用户的初始登录目录（如 root 用户的家目录为/root，普通用户 landy 的家目录为/homt/landy）。

cd 命令可在不同目录中切换。如果用户需要切换至其他的目录中，可使用 cd 命令，后跟想要切换的目录名即可，如 cd /即将当前目录切换到根目录/。

在 Linux 系统中，当前目录可用"."表示；当前目录的父目录可用".."表示；用户的家目录用"~"表示。

例如：

[root@localhost ~]# cd /   //切换到根目录

[root@localhost /]# cd ~   //切换到家目录

[root@localhost ~]# cd /etc/mail   //切换到/etc/mail 目录

[root@localhost mail]# cd ../ntp   //切换到当前目录的父目录的子目录 ntp

3.ls 命令

ls 命令可列出当前目录或指定目录下的信息，命令格式如下：

Ls [参数] [目录]

ls 命令的常用参数选项有以下几个。

-a：显示所有文件，以"."开头的隐藏文件也会显示。

-A：同-a，但不显示"."（当前目录）和"..."（父目录）。

-c：按文件的修改时间排序。

-C：由上至下列出项目。

-d：如果参数是目录，只显示其名称而不显示其下的文件数据。往往与"-l"选项一起使用，以得到目录的详细信息。

-l：以长格式显示文件的详细信息。

-i：在输出的第一列显示文件的 i 节点号。

例如：输出当前目录下名称中有"lib"文件或目录的详细信息。

[root@localhost var]# ls -l *lib*

总用量 12

drwxr-xr-x. 4 root root 30   11 月   2 06:06 AccountsService

drwxr-xr-x. 2 root root 49   11 月   14 10:26 alsa

drwxr-xr-x. 2 root root 4096   11 月   2 06:12 alternatives

drwxr-xr-x. 4 amandabackup disk 58 11 月 2 06:11 amanda

drwx------. 3 root root 17   11 月   2 06:16 authconfig

命令结果显示的各列内容含义如下所示。

（1）第一列为文件类型及权限。第一位表示文件类型，剩下九位表示三组不同用户的三组权限，"r"代表读权限，"w"代表写权限，"x"代表执行权限，"-"代表没有权限。文件类型主要有三种，"d"代表目录，"-

（短线）"代表普通文件，"l"表示链接文件，"b"代表区块设备文件，"c"代表字符设备文件。

（2）第二列为连接数。代表这个文件有多少链接指向，对于普通文件，此数表示该文件在系统中保存的备份数，也就是链接数，通常为 1。对目录而言，代表的是该目录中的子目录数。

（3）第三列为所有者名。代表该文件或目录是属于哪个用户的。

（4）第四列为组名。指出该文件所属组名。

（5）第五列为文件大小。代表该文件或目录的大小，单位为字节。

（6）第六列为最后修改日期和时间。也就是文件最后一次修改或创建的日期和时间。

（7）第七列即文件名或目录名。

4.cat 命令

cat 命令主要用于滚屏显示文件内容。

命令格式：cat [参数]　文件名

例如，显示/etc/passwd 文件的内容如下：

[root@localhost var]# cat /etc/passwd

root:x:0:0:root:/root:/bin/bash

bin:x:1:1:bin:/bin:/sbin/nologin

daemon:x:2:2:daemon:/sbin:/sbin/nologin

adm:x:3:4:adm:/var/adm:/sbin/nologin

lp:x:4:7:lp:/var/spool/lpd:/sbin/nologin

sync:x:5:0:sync:/sbin:/bin/sync

shutdown:x:6:0:shutdown:/sbin:/sbin/shutdown

5.more 命令

使用 cat 命令查看文件时，如果文件太长，用户只能在命令行终端看到文件的最后一部分，这时可以使用 more 命令，分屏显示文件的内容，一页一页查看，查看时按 Enter 键向下移动一行显示，按 space 键向下移动一页显示，如想要退出 more 命令可按 q 键。

命令格式：more [参数] 文件名

6.less 命令

less 命令也可以用来对文件或其他输出进行分页显示。less 的用法比 more 更有弹性。在 more 的时候，我们并没有办法向前面翻，只能往后面看，但若使用了 less 时，就可以使用[page up] [page down]等按键的功能来往前往后翻看文件，更容易查看一个文件的内容。

命令格式：less [参数] 文件名

7. head 命令

head 命令可显示文件的开头部分，默认情况下只显示文件的前 10 行内容。

命令格式：head [参数] 文件名

head 命令的常用参数选项有以下几个。

-n num：显示指定文件的前 num 行。

-c num：显示指定文件的前 num 个字符。

例如，显示/etc/passwd 文件的前 10 行，如下所示：

[root@localhost var]# head /etc/passwd

root:x:0:0:root:/root:/bin/bash

bin:x:1:1:bin:/bin:/sbin/nologin

daemon:x:2:2:daemon:/sbin:/sbin/nologin

adm:x:3:4:adm:/var/adm:/sbin/nologin

lp:x:4:7:lp:/var/spool/lpd:/sbin/nologin

sync:x:5:0:sync:/sbin:/bin/sync

shutdown:x:6:0:shutdown:/sbin:/sbin/shutdown

halt:x:7:0:halt:/sbin:/sbin/halt

mail:x:8:12:mail:/var/spool/mail:/sbin/nologin

operator:x:11:0:operator:/root:/sbin/nologin

8.tail 命令

tail 命令可显示文件的末尾部分，默认情况下只显示文件的末尾 10 行内容。

命令格式：tail [参数] 文件名

tail 命令的常用参数选项有以下几个。

-n num：显示指定文件的末尾 num 行。

-c num：显示指定文件的末尾 num 个字符。

例如，显示/etc/passwd 文件的后 10 行内容，如下所示：

[root@localhost var]# tail /etc/passwd

sshd:x:74:74:Privilege-separated SSH:/var/empty/sshd:/sbin/nologin

postgres:x:26:26:PostgreSQL Server:/var/lib/pgsql:/bin/bash

postfix:x:89:89::/var/spool/postfix:/sbin/nologin

dovecot:x:97:97:Dovecot IMAP server:/usr/libexec/dovecot:/sbin/nologin

dovenull:x:990:988:Dovecot's unauthorized user:/usr/libexec/dovecot:/sbin/nologin

oprofile:x:16:16:Special user account to be used by OProfile:/var/lib/oprofile:/sbin/nologin

tcpdump:x:72:72::/:/sbin/nologin

redhatlinux:x:1000:1000:redhatlinux:/home/redhatlinux:/bin/bash

linux7:x:1001:1001::/home/linux7:/bin/bash

dhcpd:x:177:177:DHCP server:/:/sbin/nologin

9.mkdir 命令

mkdir 命令用于创建一个或多个目录。

命令格式：mkdir [参数] 目录 1 [目录 2...]

mkdir 命令的常用参数选项有：

-p：递归创建目录，也就是让在一个不存在的目录下创建子目录变得可行。

例如，在当前目录中创建目录 test，如下所示。

[root@localhost var]# mkdir test

10.rmdir 命令

rmdir 命令用于删除空目录，一个目录里的内容已被清空，再使用 rmdir 命令删除该目录。

命令格式：rmdir [参数] 目录

rmdir 命令的常用参数选项有：

-p：递归删除目录 dirname，如果子目录删除后，它的父目录也为空时，可连同父目录一同删除。

注意：rmdir 不能删除非空目录。

11.touch 命令

touch 命令用于新建普通文件。

命令格式：touch [参数] 文件名

12. cp 命令

cp 命令主要用于文件或目录的复制，将指定的源文件或目录拷贝到指定的目录中，如果在指定位置指定了新的名称，拷贝过来的文件或目录使用这个新的名称，如果没有指定新的名称，引用源名称。

命令格式：cp [参数] 源文件 目标位置

cp 命令的常用参数选项有以下几个。

-f：无论文件或目录是否存在，强行复制文件或目录。

-i：如果目标文件或目录存在，覆盖文件前向用户提示是否覆盖已有的文件。

-r：递归复制所有目录，将目录下的所有子目录、文件一起复制。

例如，复制 etc 目录下单个文件 passwd 到根目录下：

[root@localhost var]# cp /etc/passwd /

例如，使用通配符复制 etc 目录下以 httpd 开头的所有文件到根目录下：

[root@localhost var]# cp /etc/httpd* /

例如，将/boot 目录拷贝到/root 目录下：

[root@localhost var]#cp -r /boot /root

注意：当拷贝目录的时候，必须要添加 r 参数，否则无法完成目录拷贝。

13.mv 命令

mv 命令用于文件的移动或重命名。

命令格式：mv 文件名称 搬移的目的地（或更改的新名）

例如，把现在所在目录中的 install.log.syslog 文件移到/usr 内，命令如下：

[root@localhost ~]# mv initial-setup-ks.cfg /usr

14.rm 命令

rm 命令主要用于删除文件或目录。

命令格式：rm [参数] 文件名或目录名

rm 命令的常用参数选项有以下几个。

-i：删除文件或目录前先询问用户。

-f：强制删除文件或目录，不询问用户。

-r：递归删除目录，即包含目录下的文件和各级子目录一起删除。

15.find 命令

find 命令用于在硬盘上查找、搜索文件。

命令格式：find [选项] 文件名

find 命令的常用参数选项有以下几个。

-name name：查找文件名称符合 name 的文件。

-type：查找对应类型的文件。

-atime n：查找 n 天以前读取过的所有文件。

例如，在根目录中查找 httpd.conf 文件的路径，如下所示：

[root@localhost ~]# find / -name httpd.conf

/etc/httpd/conf/httpd.conf

/usr/lib/tmpfiles.d/httpd.conf

16.grep 命令

grep 命令用于搜索文件中包含指定字符串的行。

命令格式：grep [参数] 要查找的字符串　文件名

例如，在/etc/passwd 文件中查找带有 root 的行，如下所示：

[root@localhost ~]# grep root /etc/passwd

root:x:0:0:root:/root:/bin/bash

operator:x:11:0:operator:/root:/sbin/nologin

17.tar 命令

可用于文件打包、备份，tar 命令可以把一系列的文件目录归档打包至一个档案中，也可以把档案文件解开以还原文件目录。

命令格式：tar [参数] 档案文件　文件列表

tar 命令的常用参数选项有以下几个。

-c：创建新的档案文件。

-v：列出命令运行的详细过程。

-f：指定档案文件名称。

-r：将文件追加到档案文件末尾。

-z：以 gzip 格式压缩或解压缩文件。

-j：以 bzip2 格式压缩或解压缩文件。

-d：比较档案与当前目录中的文件的差异。

-x：从档案中提取文件。

例如，将/etc/passwd 文件及/etc/shadow 文件归档到/user.tar 文件中，如下所示：

[root@localhost ~]# tar -cvf /usr.tar /etc/passwd /etc/shadow

　tar: 从成员名中删除开头的“/”

　/etc/passwd

　/etc/shadow

例如，将/etc/passwd 文件及/etc/shadow 文件归档压缩为 gzip 格式的文件到/user.tgz 文件中，如下所示：

[root@localhost ~]# tar -czvf /usr.tgz /etc/passwd /etc/shadow

　tar: 从成员名中删除开头的“/”

　/etc/passwd

　/etc/shadow

18.管道命令

管道命令将一个命令的标准输出作为另一个命令的标准输入，即将一个命令的输出与另一个命令的输入进行了连接。

例如：输出 etc 目录中的详细信息并通过 less 命令分屏显示，如下所示：

[root@localhost ~]# ls -al /etc|less

19.软件包管理 rpm 命令

命令格式：rpm [参数] 软件包

rpm 命令的常用参数选项有以下几个。

-i：安装包。

-v：安装过程中显示详细信息。

-h：安装过程中显示"#"号进度条。

-e：删除软件包。

-q：查看软件包是否已经安装。

例如，查看 bind 软件包是否安装，如下所示：

[root@localhost ~]# rpm -q bind

bind-9.9.4-14.el7.x86_64

例如，安装 vim-X11-7.0.109-3.el5.3.i386.rpm 软件包，如下所示：

[root@localhost ~]# rpm -ivh /mnt/cdrom/Packages/vim-X11-7.4.160-1.el7.x86_64.rpm

例如，删除 vsftpd 软件包，如下所示：

[root@localhost ~]# rpm -e vsftpd

20.管理服务 systemctl 命令

用来开启（start）、停止（stop）、重启（restart）、加载（reload）这些主动进程服务。如网络服务 network、DHCP 服务 dhcpd、DNS 服务 named、SENDMAIL 服务 sendmail、FTP 服务 vsftpd 等。

例如，重启网络服务，如下所示：

[root@localhost ~]# systemctl restart network.service

21.yum 命令

当某些软件包在安装的过程存在过多依赖关系时，使用 rpm 命令安装软件包会很复杂且费时。为了一次性完成过多依赖关系软件包的安装，可以使用 yum 命令，该命令支持本地安装，也支持远程安装。但是在使用该命令之前需要在对应目录下建立仓库文件，下面以建立仓库文件 mo.repo 为例，介绍如何创建仓库文件。

（1）进入指定目录/etc/yum.repos.d 创建 mo.repo 文件

[root@localhost ~]#cd /etc/yum.repos.d/

[root@localhost yum.repos.d]#touch mo.repo

[root@localhost yum.repos.d]#ls

mo.repo m.repo redhat.repo

注意：此处仓库文件的后缀名必须为.repo。

（2）编辑仓库文件 mo.repo

[root@localhost ~]#vi mo.repo

[base]

namesever=mon

baseurl=file:///run/media/root/RHEL-8-4-0-BaseOS-

x86_64/AppStream/Packages/

enabled=1

gpgcheck=0

说明：此处 baseurl 表示使用 yum 要安装的软件包所在的路径，file://表示软件包在本地计算机上的路径，http://表示软件包在远程的 web 服务器上的路径，ftp://表示软件包在远程的 FTP 服务器上的路径；enabled=1 表示使用该仓库文件；gpgcheck=0 表示不校验其完整性。

（3）检验仓库文件

使用 yum 命令列出仓库文件指定目录下所有的软件包，列出指定的包含 bind 字符串的软件包。

[root@localhost yum.repos.d]# yum list

[root@localhost yum.repos.d]# yum list|grep bind

Repository 'base' is missing name in configuration, using id.

Repository base is listed more than once in the configuration

bind.x86_64 32:9.11.26-3.el8 @System

bind-export-libs.x86_64 32:9.11.26-3.el8 @anaconda

bind-libs.x86_64 32:9.11.26-3.el8   @AppStream

注意：如果有软件包列出，仓库文件没有问题，就可以安装软件包了。

（4）安装 bind 软件包

[root@localhost yum.repos.d]#yum install bind -y

说明：install 表示安装软件包，bind 表示要安装的软件包名称，-y 表示在安装的过程中有询问的时候自动回答为 y 之后，向后执行，直到完成软件包的安装。

2.2　文档编辑

vi 编辑器是常见的文档编辑器，在系统中使用 vi 或者 vim 命令调用 vi 编辑器，对 Linux 中的文档进行编辑。

在编辑文档中，常用一些子命令对文档进行编辑，如表 2-1 所示。

表 2-1　常用子命令的作用

子命令名称	作用
i	编辑模式，左下状态行显示 INSERT 代表进入输入模式
w	保存
q	关闭文档并退出 vi
q!	不保存，强制关闭文档并退出 vi
/字符串	在文档中搜索指定的字符串，使用 n 定位至下一个查找字符串
set number	在文档中显示行号
set nonumber	在文档中不显示行号
dd	删除光标所在行
nd	删除第 n 行
n1，n2d	从 n1 行到 n2 行的内容删除
.,$d	从当前行到结尾的所有内容删除
s /字符串 1 /字符串 2/g	将文档中当前行字符串 1 用字符串 2 替换
%s/字符串 1 /字符串 2/g	将文档中所有字符串 1 用字符串 2 替换
ESC 键	退出文档编辑状态，进入命令模式
Shift+:键	在命令模式，用来在文档左下角输入子命令的一个提示符
u	在命令模式，撤销上次操作

2.3　项目示例

【例 1】打开文档 mo1 进行编辑，在文档中添加一行文字"I am a student!"后保存并退出。

（1）在当前目录中，通过 vi 命令新建 mo1。

[root@localhost ~]#vi mo1

（2）进入 vi 编辑器后，通过按 i 字母键进入 insert 模式。

输入一行文字"I am a student!"，如图 2-2 所示。

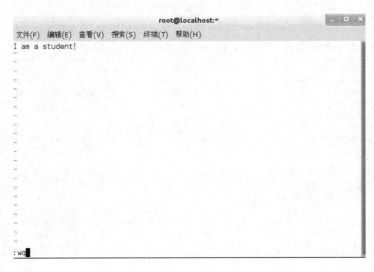

图2-2　编辑mo1文档

按 Esc 键，退回到命令模式，输入:wq，保存并退出，如图 2-3 所示。

图2-3　保存退出

【例 2】将/etc/passwd 文件拷贝到当前目录下，使用 vi 编辑器打开，在文档中设置行号，查找 root 字符串，将 bin 替换成 sbin，删除从第 4 行到 15 行的内容，保存并退出。

[root@localhost ~]#cp /etc/passwd ./ //将/etc/passwd 文件拷贝到当前目录下

[root@localhost ~]#vi passwd　　　　//打开 passwd 文件

（1）设置行号。在命令模式下输入:set number，显示行号，如图 2-4 所示。

图2-4　显示行号

（2）查找字符。在命令模式下输入:/root 进行查找，定位到 root 字符串，使用键盘上的 n 键定位到下一个已找到的字符，如图 2-5 所示。

图2-5 查找root字符串

（3）替换字符串。将光标定位到需进行替换的行，在命令模式下输入：
s /bin/sbin/g，将光标所在行的字符串 bin 替换成 sbin 字符串，如图 2-6 所示。

（4）删除行。在命令模式下输入：4，15d，删除从第 4 行到第 15 行的内容；在命令模式下输入：wq，保存并退出，如图 2-7 所示。

图2-6 替换bin字符串

```
                            root@localhost:~                    _ □ ×
文件(F)  编辑(E)  查看(V)  搜索(S)  终端(T)  帮助(H)
root: x: 0: 0: root: /root: /bin/bash
bin: x: 1: 1: bin: /bin: /sbin/nologin
daemon: x: 2: 2: daemon: /sbin: /sbin/nologin
adm: x: 3: 4: adm: /var/adm: /sbin/nologin
lp: x: 4: 7: lp: /var/spool/lpd: /sbin/nologin
sync: x: 5: 0: sync: /sbin: /bin/sync
shutdown: x: 6: 0: shutdown: /sbin: /sbin/shutdown
halt: x: 7: 0: halt: /sbin: /sbin/halt
mail: x: 8: 12: mail: /var/spool/mail: /sbin/nologin
operator: x: 11: 0: operator: /root: /sbin/nologin
games: x: 12: 100: games: /usr/games: /sbin/nologin
ftp: x: 14: 50: FTP User: /var/ftp: /sbin/nologin
nobody: x: 99: 99: Nobody: /: /sbin/nologin
dbus: x: 81: 81: System message bus: /: /sbin/nologin
polkitd: x: 999: 999: User for polkitd: /: /sbin/nologin
usbmuxd: x: 113: 113: usbmuxd user: /: /sbin/nologin
ntp: x: 38: 38: : /etc/ntp: /sbin/nologin
pegasus: x: 66: 65: tog- pegasus OpenPegasus WBEM/CIM services: /var/lib/Pegasus: /sbin
/nologin
named: x: 25: 25: Named: /var/named: /sbin/nologin
libstoragemgmt: x: 998: 996: daemon account for libstoragemgmt: /var/run/lsm: /sbin/no
login
avahi: x: 70: 70: Avahi mDNS/DNS- SD Stack: /var/run/avahi- daemon: /sbin/nologin
: 4,15d
```

图2-7　删除第4~15行

2.4　项目实训

实训任务

- 使用 Linux 常用命令；

- vi 编辑器；

- 创建 yum 仓库并安装包；

- 安装 gcc 编辑调试运行 c 语言程序。

实训目的

- 掌握 Linux 中各类命令的使用方法；

- 熟悉 Linux 操作环境；

- 熟悉 vi 编辑器；

- 熟悉通过 yum 命令来安装软件包；

- 熟悉应用 gcc 编辑运行 C 语言程序。

实训步骤

1.文件和目录类命令的使用

STEP 1]用 pwd 命令查看当前所在目录位置。

[root@localhost~]#pwd

STEP 2]用 ls 命令列出当前目录下的文件和目录。

[root@localhost~]#ls

STEP 3]ls 命令用-a 选项显示此目录下的所有文件和目录，包含以"."
开头的隐藏文件。

[root@localhost~]#ls -a

STEP 4]通过 man 命令查看 ls 命令的使用手册。

[root@localhost~]#man ls

STEP 5]创建测试目录 test。

[root@localhost~]#mkdir test

STEP 6]ls 命令列出文件和目录，确认 test 目录创建成功。

[root@localhost~]#ls

STEP 7]进入 test 目录，利用 pwd 查看当前工作目录。

[root@localhost~]#cd test

[root@localhost test]#pwd

STEP 8]利用 touch 命令，在当前目录中创建一个新的空文件 newfile。

[root@localhost test]#touch newfile

STEP 9]利用 cp 命令复制系统文件/etc/profile 到当前目录下。

[root@localhost test]#cp /etc/profile ./

STEP 10]复制文件 profile 到一个新文件 profile.bak，作为备份。

[root@localhost test]#cp profile profile.bak

STEP 11]用 ls -l 命令以长格形式列出当前目录下的所有文件，注意比较
每个文件的长度和创建时间的不同。

[root@localhost test]#ls -l

STEP 12] 用 less 命令分屏查看文件 profile 的内容。

[root@localhost test]#less profile

STEP 13 用 grep 命令在 profile 文件中对关键字 then 进行查询。

[root@localhost test]#grep then pofile

STEP 14 用 tar 命令把目录 test 打包。

[root@localhost test]#cd ..

[root@localhost ~]#tar -cvf test.tar test

STEP 15 用 gzip 命令把打好的包进行压缩。

[root@localhost ~]#gzip test.tar

STEP 16 把文件 test.tar.gz 改名为 backup.tar.gz。

[root@localhost ~]#mv test.tar.gz backup.tar.gz

STEP 17 把文件 backup.tar.gz 移动到 test 目录下。

[root@localhost ~]#mv bacup.tar.gz test

STEP 18 显示当前目录下的文件和目录列表，确认移动成功。

[root@localhost ~]#ls

STEP 19 查找 root 用户自己主目录下的所有名为 newfile 的文件。

[root@localhost ~]#find /root -name newfile

STEP 20 利用 free 命令显示内存的使用情况。

[root@localhost ~]#free

STEP 21 利用 df 命令显示系统的硬盘分区及使用状况。

[root@localhost ~]#df

STEP 22 使用 ps 命令查看和控制进程。

[root@localhost ~]#ps

2.vi 编辑器的应用

STEP 1 分页浏览/etc 下的文件和目录。

[root@localhost ~]#more | ls /etc

STEP 2 将/etc/passwd 文件复制到当前目录下并重新命名为 pd，用 vi 编辑打开 pd 文件；在文件中添加一行内容： user1:x:800:800:this is user1:/home/user1:/bin/bash，保存并退出。

[root@localhost ~]#cp /etc/passwd ./pd

[root@localhost ~]#vi pd

敲击键盘上的 i 键，进入编辑状态，将"user1:x:800:800:this is user1:/home/user1:/bin/bash"添加到 pd 文件末尾；敲击键盘上 Esc 键退出编辑状态，再按下 Ctrl+Z 键保存并退出。

STEP 3 打开 pd 文件，给文件中内容设置行号，删除第 5 行到第 11 行的内容，撤销上一步的删除操作，查找 pd 文件中 bash 字符串，并将其全部替换成 tcsh。

[root@localhost ~]#vi pd

键盘上按下 Shift+：进入末行模式

在末行模式输入：set number

在末行模式输入：5,11d

按下键盘上 u 键，撤销上一步删除操作

键盘上按下 Shift+：进入末行模式

在末行模式输入：/bash

在末行模式输入：%s/bash/tcsh/g

3.创建 yum 仓库，利用 yum 安装 DHCP 包

通过虚拟机将 Red Hat Linux 镜像文件挂载到系统中，使用 mount 命令将镜像文件挂载到/mnt/cdroom 目录下，如图 2-8 所示。

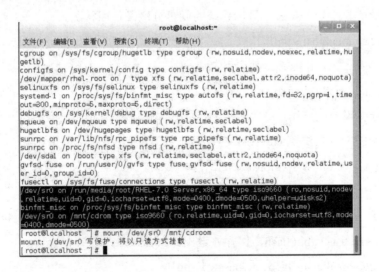

图2-8　光盘文件挂载

STEP 1 在/etc/yum.repos.d 目录下，新建扩展名为 repo 的仓库文件。

[root@localhost ~]#cd /etc/yum.repos.d

[root@localhost yum.repos.d]#touch m1.repo

STEP 2 编辑仓库文件。使用 vi 编辑器打开 m1.repo 文件，编辑仓库文件，如图 2-9 所示。

[root@localhost ~]# vi /etc/yum.repos.d/m1.repo

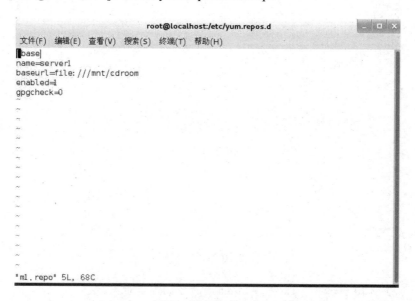

图2-9　编辑仓库文件

STEP 3 通过 yum 管理软件包。

（1）查找 DHCP 软件包。

 [root@localhost yum.repos.d]# yum list|grep dhcp

（2）安装 DHCP 软件包。

[root@localhost ~]# yum install dhcp -y

（3）删除 DHCP 软件包。

[root@localhost ~]#yum remove dhcp –y

4.利用 yum 安装 gcc，并使用 gcc 调试运行 c 程序

STEP 1 安装 gcc 软件包。

通过虚拟机将 Red Hat Linux 镜像文件挂载到系统/mnt/cdroom 目录下，

找到 gcc-8.4.1-1.el8.x86_64.rpm 包，安装 gcc 包，命令如下所示：

[root@localhost ~]# yum install gcc -y

STEP 2 调试运行 c 程序。

（1）使用 VI 编辑器 1.c 程序，如图 2-10 所示。

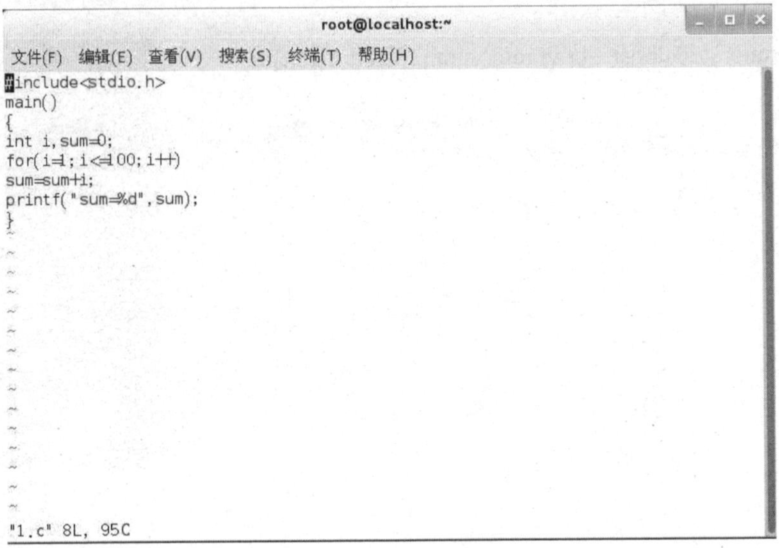

图2-10　编辑c程序

（2）使用 gcc 编译 1.c 程序为 ma，命令如下所示：

[root@localhost ~]# gcc -o ma 1.c

（3）运行 ma 可执行文件，观察程序运行结果，命令如下所示：

[root@localhost ~]# ./ma

　sum=5050[root@localhost ~]#

项目三　用户和组管理

项目案例

北京公司总部有职员 150 人，每个员工的工作内容不同，分别隶属于不同的组，具有不同的权限，并分别设置账号密码。普通员工账号有 jack、lily、mike 等，管理人员账号有 linda、joy 等。管理人员属于 manger 组，普通员工属于 class 组。由于 mike 出差在外地，需要暂时禁用账号。

项目任务

- 认识用户和组文件；
- 命令模式下实现用户和组的添加、删除、修改属性、禁用等操作；
- 图形模式下实现用户的添加、删除、修改属性等操作。

项目目标

- 掌握用户和组管理；
- 熟悉用户和组文件。

3.1　用户和组文件

无论是通过图形界面配置用户和组，还是通过命令配置用户和组，都会在对应的配置文件中生成相应的记录，配置文件是管理用户和组的重要文件，不能随意删除和修改，删除后可能会导致系统无法登录，Linux 操作系统中用来管理用户和组的文件都放到/etc 目录下，主要有 passwd、shadow、group、gshadow 和 login.defs 等。

3.1.1 用户账号文件（passwd）

Linux 下的用户可以分为三类：超级用户、系统用户和普通用户。超级用户的用户名为 root，它具有一切权限。一般只有进行系统维护或其他必要情形下才用超级用户登录，以避免系统出现安全问题。系统用户是 Linux 系统正常工作所必需的内建的用户，在安装好操作系统后自动创建的用户，主要是为了满足相应的系统进程对文件属主的要求而建立的，系统用户不能用来登录，如 bin、daemon、adm、lp 等用户。普通用户是为了让使用者能够使用 Linux 系统资源而单独建立的用户，对系统的操作权限有一定的限制，我们的大多数用户属于此类。

系统中所有用户的属性信息通常保存在/etc/passwd 用户账号文件中，该文件是账号管理中最重要的一个纯文本文件。普通用户可以查看这个文件的内容，但仅有 root 用户可以进行修改，修改的效果与图形界面执行或者命令执行的效果一样。每一个注册用户在该文件中都有一个对应的记录行，这一记录行记录了此用户的必要信息。文件中的每一行由 7 个字段的数据组成，字段之间用":"分隔，其格式如下：

账号名称:密码:用户 ID（UID）:组群 ID（GID）:注释信息:主目录:shell

对于以上字段的说明如下。

账号名称：用户登录 Linux 系统时使用的名称。

密码：这里的密码是经过加密后的密码，而不是真正的密码，若为"x"，说明密码经过了 shadow 的保护。

用户 ID：用户的标识，是一个数值，Linux 系统内部使用它来区分不同的用户。每个用户都有一个数值，称为 UID。超级用户的 UID 为 0，系统用户的 UID 一般为 1～999，普通用户的 UID 为≥1000 的值。

主组群 ID：用户所在组的标识，是一个数值，Linux 系统内部使用它来区分不同的组，相同的组具有相同的 GID。

注释信息：用来注释说明用户的个人信息，如姓名、电话等信息，可以为空。

主目录：普通用户主目录通常是/home/username，这里 username 是用户名，用户执行"cd～"命令时当前目录会切换到个人主目录。

　　shell：定义用户登录后使用的 shell，默认是 bash。

　　通过 cat 命令查看/etc/passwd 文件的内容，如图 3-6 所示。可看到第一行用户是 root，紧接着是系统用户，普通用户通常在文件的尾部。从图中可见 root 的用户名为 root，密码屏蔽，用户 ID 为 0，主组 ID 为 0，用户注释信息为 root，主目录位于/root，登录 shell 为/bin/bash。

```
[root@localhost 桌面]# cat /etc/passwd
root: x: 0: 0: root: /root: /bin/bash
bin: x: 1: 1: bin: /bin: /sbin/nologin
daemon: x: 2: 2: daemon: /sbin: /sbin/nologin
adm: x: 3: 4: adm: /var/adm: /sbin/nologin
lp: x: 4: 7: lp: /var/spool/lpd: /sbin/nologin
sync: x: 5: 0: sync: /sbin: /bin/sync
shutdown: x: 6: 0: shutdown: /sbin: /sbin/shutdown
halt: x: 7: 0: halt: /sbin: /sbin/halt
mail: x: 8: 12: mail: /var/spool/mail: /sbin/nologin
operator: x: 11: 0: operator: /root: /sbin/nologin
games: x: 12: 100: games: /usr/games: /sbin/nologin
ftp: x: 14: 50: FTP User: /var/ftp: /sbin/nologin
nobody: x: 99: 99: Nobody: /: /sbin/nologin
dbus: x: 81: 81: System message bus: /: /sbin/nologin
polkitd: x: 999: 998: User for polkitd: /: /sbin/nologin
unbound: x: 998: 997: Unbound DNS resolver: /etc/unbound: /sbin/nologin
colord: x: 997: 996: User for colord: /var/lib/colord: /sbin/nologin
usbmuxd: x: 113: 113: usbmuxd user: /: /sbin/nologin
avahi: x: 70: 70: Avahi mDNS/DNS-SD Stack: /var/run/avahi-daemon: /sbin/nologin
avahi-autoipd: x: 170: 170: Avahi IPv4LL Stack: /var/lib/avahi-autoipd: /sbin/nologin
```

图3-6　/etc/passwd文件内容

3.1.2 用户密码文件（shadow）

　　系统中所有用户的用户密码保存在/etc/shadow 文件中。所有的密码都经过 MD5 算法加密处理，默认情况下任何用户对该文件都不具有任何权限，但是超级用户可以查看这个文件内容，可以修改该文件权限。

　　/etc/shadow 文件与/etc/passwd 文件中的用户名保持一致，该文件保存对应用户的密码等相关信息，文件中的每一行同样代表一个单独的用户，用 ":" 间隔用户及密码的属性信息字段，每行由 9 个字段组成，格式如下。

　　用户名:密码:最后一次修改时间:最小时间间隔:最大时间间隔:警告时间:不活动时间:失效时间:标志字段

　　通过 cat 命令查看/etc/shadow 文件，如图 3-7 所示，可看到第一行的用户是 root。

```
[root@localhost ~]# cat /etc/shadow
root:$6$HyZafhbg8tMP9B.e$qn/jZwLCmElX/DXzRqxYvnMpzUyLpN/G.RqV6gwssBieqeTIssKDGEJ
kYqllV9ayik/QRxDjd6hv/DbUs2lIN0:17107:0:99999:7:::
bin:*:16141:0:99999:7:::
daemon:*:16141:0:99999:7:::
adm:*:16141:0:99999:7:::
lp:*:16141:0:99999:7:::
sync:*:16141:0:99999:7:::
shutdown:*:16141:0:99999:7:::
halt:*:16141:0:99999:7:::
mail:*:16141:0:99999:7:::
operator:*:16141:0:99999:7:::
games:*:16141:0:99999:7:::
ftp:*:16141:0:99999:7:::
nobody:*:16141:0:99999:7:::
dbus:!!:17107::::::
polkitd:!!:17107::::::
unbound:!!:17107::::::
```

图3-7　/etc/shadow文件内容

以 root 这一行记录为例，对/etc/shadow 文件中的各个字段进行说明，如表 3-1 所示。

表 3-1　/etc/shadow 文件字段说明

字段	示例	说明
1	root	用户名是 root，与/etc/passwd 文件中的用户名对应
2	6HyZafhbg8tMP9B.e$qn/jZwLCmElX/DXzRqxYvnMpzUyLpN/G.RqV6gwssBieqeTIssKDGEJkYqllV9ayik/QRxDjd6hv/DbUs2lIN0	密码是经过 MD5 加密的。如果是"*"，则表示对应账户无密码，无法登录系统
3	17107	从 1970 年 1 月 1 日起至用户最后一次修改密码日期的天数。对于无密码用户，只从这一天起到创建用户的天数
4	0	口令最短存活期。密码自上次修改后，可以再次修改的间隔天数，若为 0，表示没有限制
5	99999	口令最长存活期。密码自上次修改后，多少天内必须修改。若为 99999，表示密码可以不修改；若为 1，表示永远不可修改
6	7	若密码设置了时间限制，则在逾期前多少天向用户发出警告。7 为默认天数，-1 表示没有警告
7	空	若密码设置为必须修改，而到期后未作修改，系统将推迟关闭用户的天数，-1 表示永远不禁用
8	空	从 1970 年 1 月 1 日起，该账户被禁用的天数
9	空	该字段为保留字段

3.1.3 组账号文件（group）和组密码文件（gshadow）

Linux 有私有组、标准组和系统组三种组群。建立账户时，如果没有指定账户所属的组，系统会建立一个和用户名相同的组，这个组就是私有组；标准组是用户根据需要创建的普通组群，可以容纳多个用户，组中的用户都具有组所拥有的权限；系统组是 Linux 系统根据需要自动建立的，一般不作为他用。

组账号的属性信息保存在/etc/group 文件中，文件的每一行描述一个组的信息，每一个组的属性分别用"："隔开。各字段从左到右依次是组名、密码、组 ID 和用户列表，其中用户列表中所包含的多个组成员之间用"，"分隔。

一个用户可以属于多个组，用户所属的组又有主组（私有组）和附加组（标准组）之分。用户登录系统时的组为主组，主组在/etc/passwd 文件的 GID 中指定；其他组为附加组，即登录后可切换的其他组，附加组在/etc/group 文件中指定。

组密码信息保存在/etc/gshadow 文件中，和/etc/shadow 一样，所有的密码都经过 MD5 算法加密处理，只有超级用户才能查看，一般对组不会进行加密，组密码字段通常为空。

3.1.4 用户和组通用信息文件 login.defs

当在创建用户或组的时候，有些信息没有指定，系统会给其默认自动分配一个值，这个值的取值范围由/etc/login.defs 这个文件确定，用它可以指定待创建普通用户和标准组的相关信息，如普通用户 ID 的最小值 UID_MIN 和最大值 UID_MAX，标准组 ID 的最小值 GID_MIN 和最大值 GID_MAX，以及密码的最长存活期 PASS_MAX_DAYS、最短存活期 PASS_MIN_DAYS、密码长度 PASS_MIN_LEN、密码到期警告天数 PASS_WARN_AGE 等内容。

3.2　命令模式下的用户和组管理

管理用户和组可以通过命令模式或者图形界面模式完成，两种模式实现的功能一样，执行操作的相关信息都会自动记录到用户和组文件中。一般在服务器上安装的 Linux 操作系统，为了管理的安全性，通常会在系统启动时将系统引入到纯命令模式，管理员需要非常熟悉在命令模式下管理用户和组。

3.2.1 管理用户的命令

1.添加用户账号

超级用户 root 可以通过在终端运行 useradd 命令来创建用户账号。账号建立好之后，实际上是保存在/etc/passwd 文本文件中。

命令格式：useradd [选项] 用户名

useradd 命令有很多的可选参数，具体说明如下。

-u：设置用户 ID（UID），用户 ID 和账号一样必须是唯一的。

-g：指定用户所属的主（私有）组（组必须存在），参数可以是组名称或组 ID（GID）。

-d：建立用户目录，参数即所建的用户目录（通常与用户账号相同）。

-s：设置用户环境，即设置用户的 shell 环境。

-e：设置用户账号的使用期限。

-G：用户组，指定用户所属的附加组。

例如，创建普通用户 jack、lily 和 mike，命令如下：

[root@localhost ~]# useradd jack

[root@localhost ~]# useradd lily

[root@localhost ~]# useradd mike

例如，创建普通用户 user1，设置用户的 UID 为 1005，指定用户主组群 ID 为 100，附属组群 ID 为 1001，指定用户的主目录为/home/user1，指定用户环境为/bin/bash，命令如下：

[root@localhost ~]# useradd -u 1005 -g 100 -G 1001 -d /home/user1 -s /bin/bash user1

2.设置用户密码

设置修改用户密码的属性可以通过 passwd 命令来实现。

命令格式：passwd [选项] 用户名

passwd 命令有很多的可选参数，具体说明如下。

-d：删除用户密码。

-l：锁定指定用户账户。

-u：解除指定用户账户锁定。

-S：显示指定用户账户的状态。

对于普通用户，要修改其他用户的密码，首先需要获得权限（使用 sudo 命令），否则只能修改自己账户的密码，在修改密码时需要正确输入原始密码，并且对新设置密码有强度要求。

例如，给用户 lily 设置登录密码，其命令如下：

[root@localhost ~]# passwd lily

更改用户 lily 的密码 。

新的密码：

无效的密码：密码少于 8 个字符

重新输入新的 密码：

passwd：所有的身份验证令牌已经成功更新。

例如，普通用户 mike 出差在外地，需要暂时禁用其账号，命令如下所示：

[root@localhost ~]# passwd -l mike

锁定用户 mike 的密码 。

passwd: 操作成功

3.修改用户属性

使用 usermod 命令可以修改用户的属性信息。

命令格式：usermod [选项] 用户名

usermod 命令有很多的可选参数，具体说明如下。

-d：改变用户的主目录。

-g：修改用户的私有组。

-G：指定用户所属的标准组。

-l：更改账户的名称（必须在该用户未登录的情况下才能使用）。

-u：改变用户的 UID 为新的值。

例如，将用户 lily 的用户 ID 更改为 1110，私有组更改为已经存在的组 mygroup，将其添加到 root 标准组中，并更改用户名为 lilybackup，其命令如下所示：

[root@localhost ~]# usermod -u 1110 -g mygroup -G root -l lilybackup lily

4.删除用户账号

若不再允许用户登录系统时，可以将用户账号删除。使用 userdel 命令删除账号。

命令格式：userdel [选项] 用户名

userdel 命令有很多的可选参数，具体说明如下。

-r：表示在删除账号的同时，将用户主目录及其内部文件同时删除。若不加选项-r，则表示只删除登录账号而保留相关目录。

例如，把系统中的 lilybackup 用户及其主目录删除，其命令操作如下所示：

[root@localhost ~]# userdel -r lilybackup

注意：不能删除正在使用中的用户账户，必须首先终止该用户的进程才能删除。另外，如果当初在创建该用户时建立了同名私人组，而且私人组中不包含其他用户，当删除该用户时，该私人组也将一并被删除。

3.2.2 管理组的命令

1.添加组

可以手工编辑/etc/group 文件来完成组的添加，也可以用 groupadd 命令来添加组。

命令格式：groupadd [选项] 用户名

groupadd 命令有很多的可选参数，具体说明如下。

-g：指定 GID 号。

-r：用于创建系统组账号（GID<500）。

例如，创建组 ID 为 505 的组 class，其命令操作如下所示：

[root@localhost ~]# groupadd -g 505 class

2.修改组的属性

使用 groupmod 命令可以修改指定组的属性。

命令格式：groupmod [选项] 用户名

groupmod 命令有很多的可选参数，具体说明如下。

-g：改变组账号的 GID，组账号名保持不变。

-n：改变组账号名。

例如，将系统中已经存在的组 ID 为 505 的组 class 修改组名为 classbackup、组 ID 为 508，其命令操作如下所示：

[root@localhost ~]# groupmod -g 508 -n classbackup class

3.删除组

使用 groupdel 命令可以删除指定组。

命令格式：groupdel 用户名

例如，将系统中的组 classbackup 删除，其命令操作如下所示：

[root@localhost ~]# groupdel classbackup

注意：只有当指定需要删除的组不是任何用户的主组时，该组才会被删除。否则需要删除相关用户或者修改相关用户的主组之后才能删除指定的组。

4.组成员管理

使用 gpasswd 命令可以向组中添加、删除用户。

命令格式：gpasswd [选项] 用户名 组名

gpasswd 命令的可选参数说明如下。

-a：向组中添加用户。

-d：从组中删除用户。

例：将用户 test 加入组 mygroup，其命令操作如下所示：

[root@localhost ~]# gpasswd -a test mygroup

正在将用户"test"加入到"mygroup"组中

例：将用户 test 从组 mygroup 中删除，其命令操作如下所示：

[root@localhost ~]# gpasswd -d test mygroup

正在将用户"test"从"mygroup"组中删除

3.3 项目示例

根据项目任务，需要对用户和组进行管理，通过命令模式实现。下面介绍如何用命令模式实现项目任务。

1.新建组群 manger、class

[root@localhost home]#groupadd manger

[root@localhost home]#groupadd class

2.新建用户 jack、lily、mike、linda、joy

[root@localhost home]#useradd -G manger linda

[root@localhost home]#useradd -G manger joy

[root@localhost home]#useradd -G class jack

[root@localhost home]#useradd -G class lily

[root@localhost home]#useradd -G class mike

3.设置用户密码

[root@localhost home]#passwd linda

[root@localhost home]#passwd joy

[root@localhost home]#passwd jack

[root@localhost home]#passwd lily

[root@localhost home]#passwd mike

4.禁用用户 mike

[root@localhost home]#passwd -l mike 或

[root@localhost home]#usermod –L mike

5.观察/etc/passwd 文件和/etc/gpasswd 文件中是否添加以上用户

[root@localhost home]#vi /etc/passwd

[root@localhost home]#vi /etc/gpasswd

6.解除禁用用户 mike

[root@localhost home]#passwd –u mike 或

[root@localhost home]#usermod –U mike

说明：①使用 passwd 和 usermod 命令禁用的用户将不能登录系统；②使用 passwd 命令禁用用户之后，在/etc/shadow 文件的密码列首字符前面出现两个！符号；③使用 usermod 命令禁用用户之后，在/etc/shadow 文件的密码首字符前面出现一个！符号。

3.4 图形模式下的用户管理

对用户除了通过命令进行管理，也可以通过图形界面来管理，图形界面管理相对命令模式管理要简单，但是作用是一样的。

3.4.1 新建用户

在 Linux 中创建用户，执行"活动—显示应用程序—设置—详细信息—用户"，弹出图 3-1 所示的"设置"窗口。

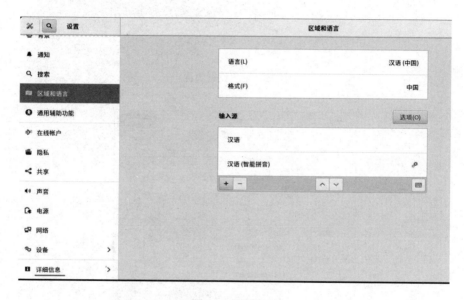

图3-1 设置窗口

单击"用户"按钮，弹出"用户设置"界面，如图 3-2 所示。单击"+"按钮可进行用户的创建，在弹出的"添加账户"对话框中，保持"本地账户"按钮的选中状态，"账户类型"下拉列表可根据需求选择"标准"或"管理员"，输入全名、用户名等内容，单击"添加"按钮，即可完成用户的创建，如图 3-3 所示。

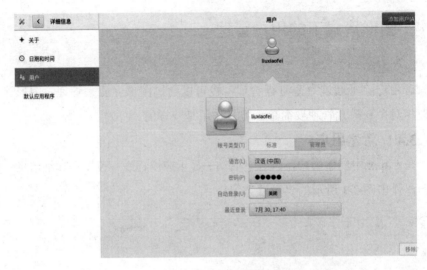

图3-2　用户设置界面

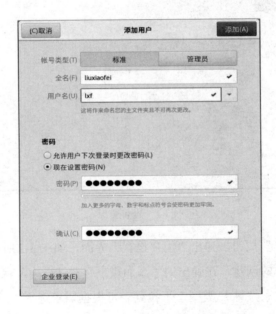

图3-3　添加账户界面

3.4.2　编辑用户

如果想要修改系统中用户的信息，在"用户设置"界面的用户列表中选择想要编辑的用户，界面中将显示相应用户的信息，包含用户名、账户类型、语言、密码、自动登录等选项，如图 3-4 所示。单击"密码"后的"账户已禁用"按钮，弹出"更改此用户的密码"对话框，如图 3-5 所示，在"动作"下拉列表中，可选择"现在设置密码""下次登录时更改密码""不使用密码""启用此账户"。

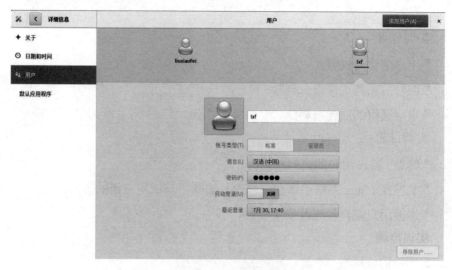

图3-4　用户设置界面

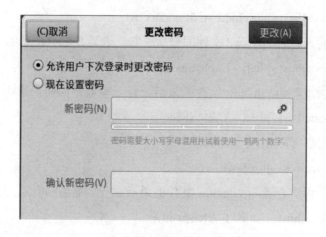

图3-5　更改密码界面

3.4.3　删除用户

如果想要删除系统中的用户，在"用户"界面中，选中要删除的用户，然后在右下角单击"移除用户…"按钮就可以删除该用户。

3.5 项目实训

实训任务

- 用户的访问权限;
- 账号的创建、修改、删除;
- 自定义组的创建与删除。

实训目的

- 熟悉 Linux 用户的访问权限;
- 掌握在 Linux 系统中增加、修改、删除用户或用户组的方法;
- 掌握用户账户管理及安全管理。

实训步骤

1.用户的管理

STEP 1 创建一个新用户 u1,设置其主目录为/home/u1。

[root@localhost~]#useradd -d /home/u1 u1

STEP 2 查看/etc/passwd 文件的最后一行,看看是如何记录的。

[root@localhost~]#tail -1 /etc/passwd

STEP 3 查看/etc/shadow 文件的最后一行,看看是如何记录的。

[root@localhost~]#tail -1 /etc/shadow

STEP 4 给用户 u1 设置密码。

[root@localhost~]#passwd u1

STEP 5 再次查看/etc/shadow 文件的最后一行,看看有什么变化。

[root@localhost~]#tail -1 /etc/shadow

STEP 6 使用 u1 用户登录系统,看能否登录成功。

按下键盘上 Alt+F2 键进入虚拟终端窗口,使用 u1 用户登录,并输入正确密码进行登录。

STEP 7 锁定用户 u1。

[root@localhost~]#passwd -l u1

STEP 8 查看/etc/shadow 文件的最后一行，看看有什么变化。

[root@localhost~]#tail -1 /etc/shadow

STEP 9 解除对用户 u1 的锁定。

[root@localhost~]#passwd -u u1

STEP 10 更改用户 u1 的账户名为 u2。

[root@localhost~]#usermod -l u2 u1

STEP 11 查看/etc/passwd 文件的最后一行，看看有什么变化。

[root@localhost~]#tail -1 /etc/passwd

STEP 12 删除用户 u2。

[root@localhost~]#userdel -r u2

2.组的管理

STEP 1 创建一个新组 st。

[root@localhost~]#groupadd st

STEP 2 查看/etc/group 文件的最后一行，看看是如何设置的。

[root@localhost~]#tail -1 /etc/group

STEP 3 创建一个新账户 u2，并把它的主组和附属组都设为 st。

[root@localhost~]#useradd -G st -g st u2

STEP 4 查看/etc/group 文件中的最后一行，看看有什么变化。

[root@localhost~]#tail -1 /etc/group

STEP 5 给组 st 设置组密码。

[root@localhost~]#gpasswd st

STEP 6 在组 st 中删除用户 u2。

[root@localhost~]#gpasswd -d u2 st

STEP 7 再次查看/etc/group 文件中的最后一行，看看有什么变化。

[root@localhost~]#tail -1 /etc/group

STEP 8 删除组 st。

[root@localhost~]#usermod -g users u2   //修改 u2 用户的主组群为 users

[root@localhost~]#groupdel st

项目四　基本磁盘管理

项目案例

服务器中当磁盘发生故障时，需要对新加的磁盘进行管理。分区方案为：swap 分区 2GB、/test 目录所在分区 800MB、/backup 目录所在分区 6GB、/userfile 目录所在分区 3GB、/home 目录所在分区 5GB、/var 目录所在分区 3GB。

项目任务

* 通过 fdisk 命令对新添加磁盘进行分区；

* 使用 mfsk 命令对分区进行格式化，通过 fsck 命令对磁盘进行检查；

* 应用命令实现磁盘手动挂载、卸载，并通过修改文件实现磁盘的自动挂载。

项目目标

* 熟悉掌握磁盘的分区；

* 熟悉掌握分区的格式化及磁盘格式化的检查；

* 掌握磁盘格式化的自动挂载、手动挂载和卸载。

4.1　磁盘的管理

4.1.1 磁盘的种类与分区

硬盘的类型主要分为 SCSI、SATA、IDE、NVMe 和 ATA 等，每种硬盘的生产都有自己的标准。硬盘生产技术随着相应标准的升级而升级，比如 SCSI 标准由 SCSI-1、SCSI-2、SCSI-3 三个阶段逐渐升级。

IDE 则是基于 ATA 标准，是 ATA 标准的升级版。作为串口设备的 SATA 也在逐渐替换作为并口设备的 IDE。

NVMe 是一种协议标准，取代传统的 AHCI 技术（英特尔的技术标准，主要实现软件与 SATA 硬盘交互的硬件机制），是一种新兴的硬盘接口标准，是基于 PCI-Ex4 通道的固态硬盘接口。

分区是硬盘格式化过程中的空间划分，当然，是逻辑意义上的划分。硬盘的分区可由主分区、扩展分区和逻辑分区组成。

硬盘不能划分为 4 个以上的主分区，如果要将硬盘划分为 4 个以上的分区，需采用 4P 和 3P+E 的分区模式。

4P（Primary）模式指将一块硬盘的所有空间划分为四个以下主分区（可以是 1～4 个主分区，分区数不超过 4）。当硬盘需要划分为 4 个以上的分区时，这时就不能使用 4P 模式，而要使用 3P+E 模式，也就是必须要使用扩展分区（Extended，E）了，该模式将硬盘分为 3 个以下的主分区（1～3 个），额外留下一个分区名额给扩展分区，然后再将这个扩展分区划分为多个逻辑分区。

扩展分区不能直接使用，只能在扩展分区中再次划分为逻辑分区后，它的硬盘空间才能被使用。

在 Linux 中，硬盘分区的属性是靠 3 位字母与 1 位数字（共 4 位）组成的编号来区分的。

IDE 硬盘在 Linux 系统下一般表示为 hd*，比如 hda、hdb…；SCSI 和 SATA 硬盘在 Linux 通常表示为 sd*，比如 sda、sdb…；移动存储设备在 Linux 表示为 sd*，比如 sda、sdb 等。

Linux 中主分区（包括扩展分区）使用的分区编号为 1～4，逻辑分区的编号从数字 5 开始。例如：/dev/sdb 硬盘有 4 个主分区，其名称依次为/dev/sdb1、/dev/sdb2、/dev/sdb3、/dev/sdb4。如果在磁盘/dev/sdb 划分一个扩展分区，则扩展分区上的逻辑分区可以划分为/dev/sdb5、/dev/sdb6 等，依此类推。

4.1.2　新建磁盘分区

1.添加新磁盘

菜单"虚拟机"→"设置"，打开"虚拟机设置"界面，列表中选中

"硬盘"选项，单击"添加"按钮添加一块新的硬盘，如图 4-1 所示。

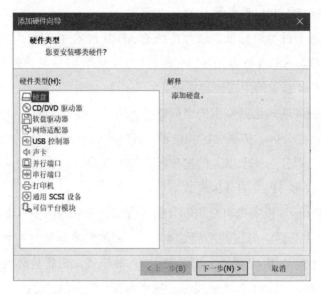

图4-1　添加新磁盘界面

在弹出的"添加硬件向导"页面中选择"虚拟磁盘类型"为推荐的 SCSI 接口，如图 4-2 所示，单击"下一步"按钮。

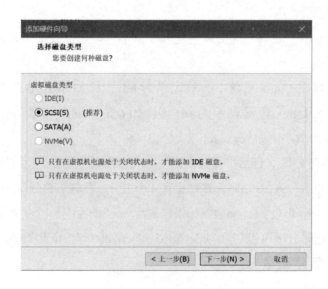

图4-2　添加硬件向导界面

进入选择硬盘窗口，选择"创建新虚拟磁盘（V）"单选按钮，单击"下一步"按钮，如图4-3所示。

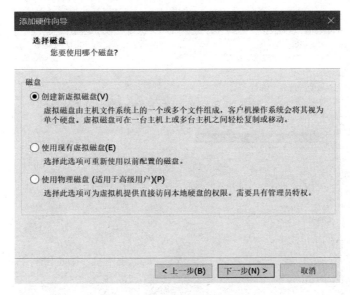

图4-3 创建新虚拟磁盘界面

进入"指定磁盘容量"界面，设置最大磁盘大小（GB）为默认值20G，如图4-4所示，单击"下一步"按钮。

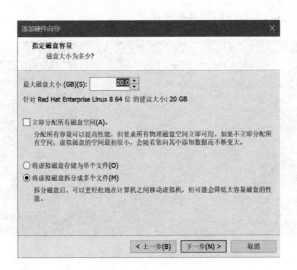

图4-4 指定磁盘容量界面

指定磁盘文件时，默认已选中正在运行的虚拟机，如图 4-5 所示，单击"完成"按钮，即可完成磁盘的添加。

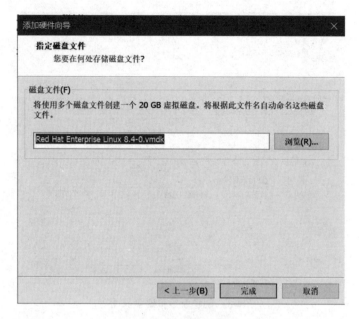

图4-5　指定磁盘文件界面

重启或重新挂载系统，并通过 fdisk‑l 命令查看新添加的磁盘为/dev/sdb，而原来的磁盘是/dev/sda，如图 4-6 所示。

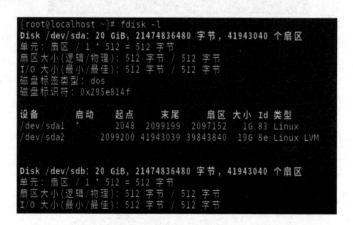

图4-6　查看新添加的新磁盘/dev/sdb

72

2.fdisk 命令

想要对某个盘进行操作，只需要在 root 权限下输入 fdisk 后面接硬盘路径即可，如图 4-7 所示。

```
[root@localhost ~]# fdisk /dev/sdb

欢迎使用 fdisk (util-linux 2.32.1)。
更改将停留在内存中，直到您决定将更改写入磁盘。
使用写入命令前请三思。

设备不包含可识别的分区表。
创建了一个磁盘标识符为 0xdbe33ac9 的新 DOS 磁盘标签。

命令(输入 m 获取帮助) m
```

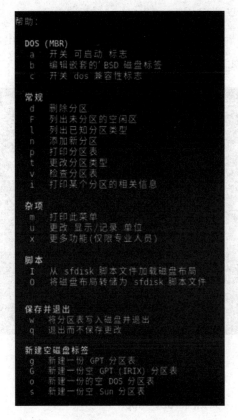

图4-7　对/dev/sdb进行操作

在 command 命令后输入 m，可以看到有哪些命令，如图 4-8 所示。

```
帮助:

  DOS (MBR)
   a   开关 可启动 标志
   b   编辑嵌套的 BSD 磁盘标签
   c   开关 dos 兼容性标志

  常规
   d   删除分区
   F   列出未分区的空闲区
   l   列出已知分区类型
   n   添加新分区
   p   打印分区表
   t   更改分区类型
   v   检查分区表
   i   打印某个分区的相关信息

  杂项
   m   打印此菜单
   u   更改 显示/记录 单位
   x   更多功能(仅限专业人员)

  脚本
   I   从 sfdisk 脚本文件加载磁盘布局
   O   将磁盘布局转储为 sfdisk 脚本文件

  保存并退出
   w   将分区表写入磁盘并退出
   q   退出而不保存更改

  新建空磁盘标签
   g   新建一份 GPT 分区表
   G   新建一份空 GPT (IRIX) 分区表
   o   新建一份的空 DOS 分区表
   s   新建一份空 Sun 分区表
```

图 4-8　命令帮助

图 4-8 所示中的命令，是 fidsk 支持的全部命令，下面对其中几个常用命令做出解释。

d：删除一个硬盘分区。

l：显示一个分区文件类型列表，在这个列表会看到所有的分区文件类型所对应的数字。

t：改变分区类型。

m：列出帮助信息。

n：新建一个分区。

p：列出硬盘分区表。

w：保存当前操作然后退出。

q：不保存，直接退出。

4.1.2.3 新建磁盘分区

使用命令 fdisk /dev/sdb 打开新磁盘，输入命令 p 列出新磁盘的分区表，没有做任何分区，如图 4-9 所示。

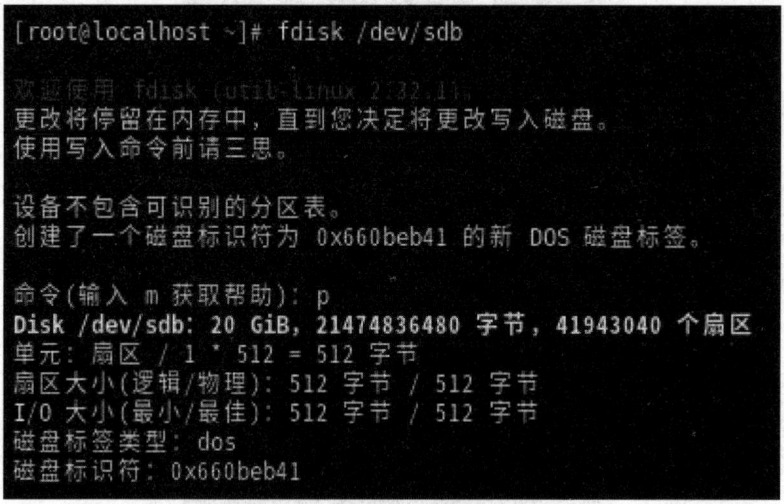

图 4-9　显示/dev/sdb 的分区情况

新建主分区 1，大小为 1G，步骤如下所示。

[root@localhost ~]# fdisk /dev/sdb

欢迎使用 fdisk （util-linux 2.32.1）。

更改将停留在内存中，直到您决定将更改写入磁盘。

使用写入命令前请三思。

设备不包含可识别的分区表。

创建了一个磁盘标识符为 0x660beb41 的新 DOS 磁盘标签。

命令（输入 m 获取帮助）：n   //输入 n 新建分区

分区类型

p 主分区（0 个主分区，0 个扩展分区，4 空闲）

e 扩展分区（逻辑分区容器）

选择（默认 p）p   //输入 p 创建主分区

分区号（1-4,默认 1）：1   //输入主分区编号为 1

第一个扇区（2048-41943039, 默认 2048）：   //输入起始扇区，一般默认回车即可

上 个 扇 区， +sectors 或 +size{K,M,G,T,P} （2048-41943039，默认41943039）：+1G

                //输入新分区的大小，这里输入的是+1G，加号不能省略

创建了一个新分区 1，类型为"Linux"，大小为 1 GiB。

命令（输入 m 获取帮助）：p   //输入 p 显示查看当前分区表

Disk /dev/sdb：20 GiB，21474836480 字节，41943040 个扇区

单元：扇区 / 1 * 512 = 512 字节

扇区大小（逻辑/物理）：512 字节 / 512 字节

I/O 大小（最小/最佳）：512 字节 / 512 字节

磁盘标签类型：dos

磁盘标识符：0x660beb41   //创建的分区已经显示出来

设备   启动 起点 末尾 扇区 大小 Id 类型

/dev/sdb1   2048 2099199 2097152   1G 83 Linux

命令（输入 m 获取帮助）：w   //保存当前分区保存退出

分区表已调整。

将调用 ioctl（）来重新读分区表。

正在同步磁盘。

磁盘分区完成后，可通过查看/proc/partitions 文件查看系统识别的设备信息，如图 4-10 所示，可见 sdb 设备已经有了。

```
[root@localhost ~]# cat /proc/partitions
major minor  #blocks  name

   8        0   20971520 sda
   8        1    1048576 sda1
   8        2   19921920 sda2
   8       16   20971520 sdb
   8       17    1048576 sdb1
  11        0    7667712 sr0
 253        0   17821696 dm-0
 253        1    2097152 dm-1
```

图 4-10　查看系统识别的设备

4.2　磁盘格式化与检查

4.2.1 创建磁盘格式化命令 mkfs

硬盘分区后，需要进行磁盘格式化，指定格式化文件系统类型，与 Windows 下的格式化硬盘类似。

在硬盘分区上进行磁盘格式化会清除分区上的数据，而且难以恢复，所以磁盘格式化前要确认分区上的数据是否需要。

命令格式：mkfs [参数] 磁盘格式化

mkfs 命令常用的参数选项有以下几个。

-t：指定磁盘格式化的文件系统类型。

-c：磁盘格式化前检查是否有坏轨。

-l file：从文件 file 中读取磁盘坏轨列表，file 文件一般是由磁盘坏轨检查程序产生的。

-V：显示磁盘格式化详细信息。

例如，通过以下命令将/dev/sdb1 格式化，并创建 ext3 磁盘格式化，如图 4-11 所示。

```
[root@localhost 桌面]# mkfs -t ext3 /dev/sdb1
mke2fs 1.42.9 (28-Dec-2013)
文件系统标签=
OS type: Linux
块大小=4096 (log=2)
分块大小=4096 (log=2)
Stride=0 blocks, Stripe width=0 blocks
65536 inodes, 262144 blocks
13107 blocks (5.00%) reserved for the super user
第一个数据块=0
```

图 4-11　格式化/dev/sdb1 为 ext3 磁盘格式化

4.2.2 检查磁盘格式化的正确性命令 fsck

fsck 命令用于检查和修复 Linux 磁盘格式化的正确性。

命令格式：fsck [参数选项] 磁盘格式化

fsck 命令常用的参数选项有以下几个。

-t：如果磁盘格式化类型已经在/etc/fstab 中定义或者 kernel 本身已经支持，就不需要再添加此项。

-s：逐个执行 fsck 命令进行检查。

-A：检查/etc/fstab 中列出的所有分区。

-C：显示完整的检查进度。

-d：列出 fsck 的 debug 结果。

-P：与"-A"选项同用时，可一起执行多个 fsck 的检查。

-a：如果检查中有错误，则自动修复。

-r：如果检查有错误，询问是否修复。

例如，通过以下命令将/dev/sdb1 格式化，并创建 xfs 磁盘格式化，如图 4-12 所示。

```
[root@localhost ~]# mkfs.xfs /dev/sdb1
meta-data=/dev/sdb1              isize=512    agcount=4, agsize=65536 blks
         =                       sectsz=512   attr=2, projid32bit=1
         =                       crc=1        finobt=1, sparse=1, rmapbt=0
         =                       reflink=1
data     =                       bsize=4096   blocks=262144, imaxpct=25
         =                       sunit=0      swidth=0 blks
naming   =version 2              bsize=4096   ascii-ci=0, ftype=1
log      =internal log           bsize=4096   blocks=2560, version=2
         =                       sectsz=512   sunit=0 blks, lazy-count=1
realtime =none                   extsz=4096   blocks=0, rtextents=0
```

图 4-12　格式为/dev/sdb1 为 xfs 磁盘格式化

4.3 磁盘的挂载

4.3.1 磁盘的挂载命令 mount

对磁盘分区格式化之后，还需要把新建立的磁盘分区挂载到系统上才能使用。

磁盘分区挂载到的目录被称为挂载点（mount point）。

一般情况下，挂载点是一个空目录，如果不是空目录，则目录中原来的文件将被系统隐藏。

光盘对应的设备文件名为/dev/cdrom，可挂载到自己新建的专门用于挂载的目录。

磁盘的挂载，可设置为在系统引导过程中自动挂载，也可手动挂载，手动挂载磁盘的命令是 mount。

语法格式：mount [选项] 磁盘分区 系统目录

mount 命令的主要选项有以下几个。

-t：指定要挂载的文件系统类型。

-r：只读方式挂载，不能修改挂载的磁盘分区。

-w：以读写的方式挂载文件系统。

-a：自动挂载/etc/fstab 文件中记录的设备。

例如，将/dev/cdrom 挂载到/mnt/cd，以访问光盘镜像中的内容，如图 4-13 所示。

```
[root@localhost ~]# mkdir /mnt/cd
[root@localhost ~]# mount /dev/cdrom /mnt/cd
mount: /mnt/cd: WARNING: device write-protected, mounted read-only.
```

图 4-13　新建目录挂载光盘

例如，新建目录/sdb1，将/dev/sdb1 挂载到/sdb1，同时通过 df 命令查看是否挂载成功，如图 4-14 所示。

```
[root@localhost ~]# mkdir /sdb1
[root@localhost ~]# mount /dev/sdb1 /sdb1
[root@localhost ~]# df
文件系统                  1K-块      已用      可用  已用%  挂载点
devtmpfs                 907004         0    907004    0%  /dev
tmpfs                    924764         0    924764    0%  /dev/shm
tmpfs                    924764      9876    914888    2%  /run
tmpfs                    924764         0    924764    0%  /sys/fs/cgroup
/dev/mapper/rhel-root  17811456   4383808  13427648   25%  /
/dev/sda1               1038336    183520    854816   18%  /boot
tmpfs                    184952      1180    183772    1%  /run/user/42
tmpfs                    184952      4652    180300    3%  /run/user/0
/dev/sr0                7667190   7667190         0  100%  /mnt/cd
/dev/sdb1               1038336     40368    997968    4%  /sdb1
```

图 4-14 新建目录挂载/dev/sdb1，并查看

挂载完成后，对目录/sdb1 的读写操作实际上就是直接读写/dev/sdb1 这个分区，但是系统重启后挂载会失效，可以采用后续内容中的方法让系统自动挂载。

4.3.2 检查磁盘使用情况

df 命令用于检查 Linux 服务器的磁盘空间占用情况，可以获取硬盘占用的空间和剩余空间等信息。df 命令如果没有文件名被指定，则所有当前被挂载的磁盘可用空间都将被显示。

语法格式：df [选项] [文件]

df 命令的主要选项有以下几个。

-a：显示所有的文件系统。

-h：以更易读的方式显示。

-H：等于"-h"，但是计算时 1K=1000，而不是 1K=1024。

-i：显示 inode 信息。

-k：以 k 字节为单位显示。

-l：只显示本地端的文件系统。

-T：显示磁盘格式化类型。

例如：列出磁盘格式化类型，并以更易读的方式显示目前磁盘空间使用情况，如图 4-15 所示。

```
[root@localhost ~]# df -Th
文件系统                    类型        容量    已用    可用    已用%  挂载点
devtmpfs                   devtmpfs    886M    0       886M    0%    /dev
tmpfs                      tmpfs       904M    0       904M    0%    /dev/shm
tmpfs                      tmpfs       904M    9.7M    894M    2%    /run
tmpfs                      tmpfs       904M    0       904M    0%    /sys/fs/cgroup
/dev/mapper/rhel-root      xfs         17G     4.2G    13G     25%   /
/dev/sda1                  xfs         1014M   180M    835M    18%   /boot
tmpfs                      tmpfs       181M    1.2M    180M    1%    /run/user/42
tmpfs                      tmpfs       181M    4.6M    177M    3%    /run/user/0
/dev/sr0                   iso9660     7.4G    7.4G    0       100%  /mnt/cd
/dev/sdb1                  xfs         1014M   40M     975M    4%    /sdb1
```

图 4-15　查看磁盘空间使用情况

4.3.3 磁盘分区的自动挂载

可以通过修改/etc/fstab 文件来实现每次开机自动挂载。/etc/fstab 文件中列有引导系统时需要挂载磁盘的挂载参数。系统在开机过程中会读取/etc/fstab 文件，并根据该文件的配置参数挂载相应的磁盘。 fstab 的内容如图 4-16 所示。

```
[root@localhost ~]# cat /etc/fstab
#
# /etc/fstab
# Created by anaconda on Sat Jun 26 14:17:14 2021
#
# Accessible filesystems, by reference, are maintained under '/dev/disk/'.
# See man pages fstab(5), findfs(8), mount(8) and/or blkid(8) for more info.
#
# After editing this file, run 'systemctl daemon-reload' to update systemd
# units generated from this file.
#
/dev/mapper/rhel-root    /                      xfs      defaults    0 0
UUID=9767a8f5-bdae-46fd-ae03-e53efbb098b3 /boot          xfs      defaults    0 0
/dev/mapper/rhel-swap    swap                   swap     defaults    0 0
```

图 4-16　/etc/fstab 文件内容

第一个参数为挂载的分区，第二个参数为挂载的位置，第三个参数是分区文件类型，后面的参数默认即可。

例如，实现每次开机自动将磁盘文件系统类型为 xfs 的分区/dev/sdb1 自动挂载到/sdb1 目录下，在/etc/fstab 文件中添加下面一行的内容：

/dev/sdb1　　　　　/sdb1　　　　　　xfs　defaults　　0 0

保存并退出后，重新启动或重新挂载系统，系统自动将/dev/sdb1 挂载到/sdb1，可通过 df 命令查看，如图 4-17 所示。

```
[root@localhost ~]# df
文件系统                1K-块        已用      可用   已用% 挂载点
devtmpfs               907004          0    907004    0% /dev
tmpfs                  924764          0    924764    0% /dev/shm
tmpfs                  924764       9908    914856    2% /run
tmpfs                  924764          0    924764    0% /sys/fs/cgroup
/dev/mapper/rhel-root 17811456  4384248  13427208   25% /
/dev/sdb1             1038336      40368    997968    4% /sdb1
/dev/sda1             1038336     183524    854812   18% /boot
tmpfs                  184952       1180    183772    1% /run/user/42
tmpfs                  184952       4648    180304    3% /run/user/0
/dev/sr0              7667190    7667190         0  100% /run/media/root/RHEL-8-1-0-BaseOS-x86_64
```

图 4-17　查看挂载情况

4.3.4　磁盘格式化的卸载命令 umount

磁盘挂载也可以被卸载，卸载磁盘的命令是 umount。

命令格式：umount 设备|挂载点

例如，卸载挂载的光盘：

[root@localhost ~]# umount /dev/cdrom

4.4　swap 分区管理

系统在运行程序时可能出现物理内存不够用、程序崩溃的情况，为了解决这个问题，Linux 操作系统设置了 swap 分区，swap 分区可在系统的物理内存不够用时，把物理内存中暂时没有使用的一部分空间释放出来，以供当前运行程序使用。一些长时间没什么操作的程序数据将会临时保存到 swap 分区中，以释放这部分物理空间，当这些程序需要运行使用这些数据时，再从 swap 分区中将数据读回内存中即可。

4.4.1　设置交换分区命令 mkswap

在一个文件或者设备上建立交换分区时需要使用 mkswap 命令。

命令格式：mkswap [设备名称或文件] [交换区大小]

mkswap 命令的主要选项有以下几个。

-c：建立交换区前，先检查是否有损坏的区块。

-f：在 SPARC 电脑上建立交换区时，要加上此参数。

-v0：建立旧式交换区，此为预设值。

-v1：建立新式交换区。

例如，/dev/sdb3 是已经创建的交换分区，现需将此分区格式化为 swap 格式，如图 4-18 所示。

```
[root@localhost ~]# mkswap /dev/sdb3
正在设置交换空间版本 1, 大小 = 2 GiB (2147479552  个字节)
无标签, UUID=26fa9fa8-6186-4b1d-b4a6-eed9e28d7648
```

图 4-18　格式化为 swap 格式

4.4.2　激活交换分区命令 swapon

Linux 系统的内存管理建立虚拟内存可使用交换分区。

命令格式：swapon [设备]

swapon 命令的主要选项有以下几个。

-a：将/etc/fstab 文件中所有设置为 swap 的设备，启动为交换区。

-h：显示帮助信息。

-p：指定交换区的优先顺序。

-s：显示交换区的使用状况。

-v：显示版本信息。

例如，交换空间/dev/sdb3 需要激活，并显示所有交换分区的情况，如图 4-19 所示。

```
[root@localhost ~]# swapon /dev/sdb3
[root@localhost ~]# swapon -s
文件名                          类型           大小       已用     权限
/dev/dm-1                       partition      2097148   12608      -2
/dev/sdb3                       partition      2097148   0          -3
```

图 4-19　激活交换空间并显示交换分区情况

4.4.3　关闭交换分区命令 swapoff

用于关闭指定的交换空间（包括交换文件和交换分区）。swapoff 实际为 swapon 的符号链接，可用来关闭系统的交换区。

命令格式：swapoff [设备]

swaponoff 命令的主要选项有以下几个:

-a：将/etc/fstab 文件中所有设置为 swap 的设备关闭。

-h：显示帮助信息。

-v：显示版本信息。

4.5 LVM 逻辑卷管理

标准的磁盘管理是由磁盘本身来维护，所以在分区使用完之后是没办法在线调整分区大小的。LVM 逻辑卷就是为了解决这样的问题出现的，可以通过逻辑卷 LVM 在线调整磁盘格式化的大小，实现更有效的管理和分配磁盘空间，如增加空间、删除空间、合并空间等。

4.5.1 LVM 基本术语

（1）PV（Physical Volume）：物理卷，指一个物理磁盘或分区，可实现把磁盘、磁盘分区、RAID 等存储功能的块设备划入到 LVM 逻辑卷中的功能。

（2）VG（Volume Group）：卷组，是指多个物理卷组成的逻辑盘，可以创建多个 VG。卷组的大小为所有 PV 的大小之和。卷组建立后，物理卷可动态添加到卷组中。一个逻辑卷管理系统中可以只有一个卷组，也可以有多个卷组。

（3）LV（Logical Volume）：逻辑卷，建立在卷组之上，相当于 VG 的一个分区，即从 VG 里分出来的一部分，用于最终的数据存储，磁盘格式化是建立在 LV 之上的。逻辑卷建立之后可以动态地扩展和缩小空间。

（4）PE（physical extent）：为 LVM 中最小存储单元，默认为 4MB，一个 VG 是由若干个 PE 组成。

所谓的动态调整指创建 LV 时，分配多少个 PE 给 LV，即 PE 的大小乘以 PE 的数量就是 LV 的大小，如果 LV 的空间不够，可以从 VG 中调整 PE 给 LV，同时再扩容 LV 上的磁盘格式化，从而实现在线调整磁盘格式化大小。

4.5.2 LVM 管理常用命令

LVM 管理的命令主要分为三大类：

（1）PV 物理卷管理。

（2）VG 卷组管理。

（3）LV 逻辑卷管理。

这三类对应的命令程序文件分别以"pv""vg""lv"开头，分别实现 PV 管理功能、VG 管理功能、LV 管理功能。常用命令如表 4-1 所示。

表 4-1　LVM 常用命令

功能	物理卷管理	卷组管理	逻辑卷管理
扫描 scan	pvscan	vgscan	lvscan
创建 create	pvcreate	vgcreate	lvcreate
显示 display	pvdisplay	vgdisplay	lvdisplay
删除 remove	pvremove	vgremove	lvremove
扩展 extend		vgextend	lvextend

1.将物理磁盘分区初始化为物理卷命令 pvcreate

pvcreate 命令可以将物理硬盘分区初始化为物理卷，以便 LVM 使用。

语法格式：pvcreate [参数]

pvcreate 命令的常用参数有以下几个。

-f：不需要用户确认，强制创建物理卷。

-u：指定设备的 UUID

-y：所有的问题都回答 yes

例如：系统新添加一块 8G 的磁盘，在这块磁盘上划分两个 3G 的分区为 LVM 做准备，创建成物理卷。

（1）先按照前述内容完成 8G 磁盘添加，通过 fdisk 命令查看到新磁盘后，开始进行磁盘分区，由于分区的作用是为 LVM 作准备，所以设置需要通过 t 设置分区类型，Linux LVM 的分区类型为 8e，如下所示，可看到设置后，通过 p 命令显示分区/dev/sdb1 的分区类型为 Linux LVM。

[root@localhost ~]# fdisk /dev/sdb

欢迎使用 fdisk （util-linux 2.32.1）。

更改将停留在内存中，直到您决定将更改写入磁盘。

使用写入命令前请三思。

命令（输入 m 获取帮助）：n　　　　　　　//输入 n 新建分区

分区类型

　p　主分区 （0 个主分区，0 个扩展分区，4 空闲）

e 扩展分区（逻辑分区容器）

选择（默认 p）：p　　　　　　　　　　　　//p 设置该分区为主分区

分区号（1-4, 默认 1）:　　　　　　　　　　//默认分区号为 1

第一个扇区（2048-16777215, 默认 2048）:

上个扇区，+sectors 或 +size{K,M,G,T,P}（2048-16777215, 默认 16777215）: +3G

//设置分区大小为 3G

创建了一个新分区 1，类型为“Linux”，大小为 3 GiB。

命令（输入 m 获取帮助）：t　　　　　　　　　//设定磁盘格式化类型

已选择分区 1

Hex 代码（输入 L 列出所有代码）：8e　　　　　　//LVM 磁盘格式化类型的代码

已将分区“Linux”的类型更改为“Linux LVM”。

命令（输入 m 获取帮助）：p　　　　　　　　//显示分区

Disk /dev/sdb：8 GiB，8589934592 字节，16777216 个扇区

单元：扇区 / 1 * 512 = 512 字节

扇区大小（逻辑/物理）：512 字节 / 512 字节

I/O 大小（最小/最佳）：512 字节 / 512 字节

磁盘标签类型：dos

磁盘标识符：0x4a21f375

设备　　启动 起点　末尾　扇区　大小 Id 类型

/dev/sdb1　　2048 6293503 6291456　3G 8e Linux LVM

命令（输入 m 获取帮助）：

（2）同样的操作，新建第二个分区，并设置为 Linux LVM 类型，通过 p 命令显示分区，得到结果如图 4-20 所示后，保存退出。

```
设备        启动    起点      末尾     扇区 大小 Id 类型
/dev/sdb1          2048   6293503  6291456   3G 8e Linux LVM
/dev/sdb2       6293504  12584959  6291456   3G 8e Linux LVM
```

图 4-20　分区显示

（3）这些分区要被内核识别，通过 cat /proc/partions 进行查看系统已识别的设备有 sdb1 及 sdb2，如图 4-21 所示，若没有显示，则需要让内核重新进行探测。

```
[root@localhost ~]# cat /proc/partitions
major minor  #blocks  name

   8      0   20971520 sda
   8      1    1048576 sda1
   8      2   19921920 sda2
   8     16    8388608 sdb
   8     17    3145728 sdb1
   8     18    3145728 sdb2
  11      0    7667712 sr0
 253      0   17821696 dm-0
 253      1    2097152 dm-1
```

图 4-21 系统已识别的设备

（4）将两个分区/dev/sdb1、/dev/sdb2 创建成物理卷，如图 4-22 所示。

```
[root@localhost ~]# pvcreate /dev/sdb1 /dev/sdb2
  Physical volume "/dev/sdb1" successfully created.
  Physical volume "/dev/sdb2" successfully created.
[root@localhost ~]# pvs
  PV         VG   Fmt  Attr PSize   PFree
  /dev/sda2  rhel lvm2 a--  <19.00g    0
  /dev/sdb1       lvm2 ---    3.00g 3.00g
  /dev/sdb2       lvm2 ---    3.00g 3.00g
```

图 4-22 创建物理卷及查看物理卷

（5）查看物理卷的属性，如图 4-23 所示，可观察到物理卷名、大小等信息。

86

```
[root@localhost ~]# pvdisplay /dev/sdb1 /dev/sdb2
  "/dev/sdb1" is a new physical volume of "3.00 GiB"
  --- NEW Physical volume ---
  PV Name               /dev/sdb1
  VG Name
  PV Size               3.00 GiB
  Allocatable           NO
  PE Size               0
  Total PE              0
  Free PE               0
  Allocated PE          0
  PV UUID               TuTKkO-gLfi-9GJ2-BaRI-jaGk-13bh-GkmzDb

  "/dev/sdb2" is a new physical volume of "3.00 GiB"
  --- NEW Physical volume ---
  PV Name               /dev/sdb2
  VG Name
  PV Size               3.00 GiB
  Allocatable           NO
  PE Size               0
  Total PE              0
  Free PE               0
  Allocated PE          0
  PV UUID               G2yXYX-lzZi-aQgD-pdFH-z1CV-wlUa-jk3W7u
```

图 4-23　查看物理卷属性

2.创建卷组命令 vgcreate

vgcreate 命令用于创建 LVM 卷组。卷组（Volume Group）由多个物理卷组成，屏蔽了底层物理卷细节。在卷组上创建逻辑卷时不用考虑具体的物理卷信息。

语法格式：vgcreate [选项] [参数]

vgcreate 命令的常用选项有以下几个。

-l：卷组上允许创建的最大逻辑卷数。

-p：卷组中允许添加的最大物理卷数。

-s：卷组上的物理卷的 PE 大小。

参数：

卷组名：要创建的卷组名称

物理卷列表：加入到卷组中的物理卷列表

例如：将上述内容中创建的物理卷/dev/sdb1、/dev/sdb2 加入卷组 landy，并查看卷组属性，可观察到卷组名字、大小等信息，如图 4-24 所示。

```
[root@localhost ~]# vgcreate landy /dev/sdb1 /dev/sdb2
  Volume group "landy" successfully created
[root@localhost ~]# vgdisplay
  --- Volume group ---
  VG Name                landy
  System ID
  Format                 lvm2
  Metadata Areas         2
  Metadata Sequence No   1
  VG Access              read/write
  VG Status              resizable
  MAX LV                 0
  Cur LV                 0
  Open LV                0
  Max PV                 0
  Cur PV                 2
  Act PV                 2
  VG Size                5.99 GiB
  PE Size                4.00 MiB
  Total PE               1534
  Alloc PE / Size        0 / 0
  Free  PE / Size        1534 / 5.99 GiB
```

图 4-24　创建卷组、查看卷组属性

3.创建逻辑卷命令 lvcreate

lvcreate 命令用于创建 LVM 的逻辑卷。逻辑卷的创建是建立在卷组的基础上。

语法格式：lvcreate [选项] [参数]

lvcreate 命令的常用选项有以下几个。

-L：指定逻辑卷的大小，单位为"kKmMgGtT"字节。

-l：指定逻辑卷的大小（LE 数）。

-n：指定逻辑卷的名字。

例如：在上述内容创建的卷组 landy 中划分 5G 的逻辑卷，命名为 textlv，并创建为 ext4 磁盘格式化，挂载至/mnt 。

（1）在 landy 卷组中划分 5G 的空间给逻辑卷 textlv，并分别通过 lvs 和 lvsdisplay 查看逻辑卷的信息，如图 4-25 所示。

```
[root@localhost ~]# lvcreate -L 5G -n textlv landy
  Logical volume "textlv" created.
[root@localhost ~]# lvs
  LV      VG     Attr       LSize  Pool Origin Data%  Meta%  Move Log Cpy%Sync Convert
  textlv  landy  -wi-a-----  5.00g
  root    rhel   -wi-ao---- <17.00g
  swap    rhel   -wi-ao----  2.00g
[root@localhost ~]# lvdisplay
  --- Logical volume ---
  LV Path                /dev/landy/textlv
  LV Name                textlv
  VG Name                landy
  LV UUID                kLcYD8-Jxf7-craC-gEjd-orYu-sJh0-IkIppa
  LV Write Access        read/write
  LV Creation host, time localhost.localdomain, 2021-07-26 03:32:09 -0400
  LV Status              available
  # open                 0
  LV Size                5.00 GiB
  Current LE             1280
  Segments               2
  Allocation             inherit
  Read ahead sectors     auto
  - currently set to     8192
  Block device           253:2
```

图 4-25　创建逻辑卷、查看逻辑卷信息

（2）在 textlv 上建立 ext4 磁盘格式化。需要注意的是逻辑卷的引用需要逻辑卷的设备文件，逻辑卷的设备文件有两种方式表达：

/dev/VG_NAME/LV_NAME

/dev/mapper/VG_NAME-LV_NAME

以这里的逻辑卷为例，则为 /dev/landy/textlv 或者是 /dev/mapper/landy-textlv，则开始格式化磁盘格式化，如图 4-26 所示。

```
[root@localhost ~]# mkfs -t ext4 /dev/landy/textlv
mke2fs 1.44.6 (5-Mar-2019)
创建含有 1310720 个块（每块 4k）和 327680 个inode的文件系统
文件系统UUID: f1714df5-5065-4a38-ad57-7b74d020abc0
超级块的备份存储于下列块：
     32768, 98304, 163840, 229376, 294912, 819200, 884736

正在分配组表： 完成
正在写入inode表： 完成
创建日志（16384 个块）完成
写入超级块和文件系统账户统计信息： 已完成
```

图 4-26　格式化逻辑卷为 ext4 磁盘格式化

（3）将创建好的磁盘格式化/dev/landy/textlv 挂载到/mnt。

[root@localhost ~]# mount /dev/landy/textlv /mnt

4.动态扩展卷组命令 vgextend

vgextend 命令可以动态扩展卷组，卷组中可动态添加物理卷以增加卷组的容量。

语法格式：vgextend [选项] [卷组名] [物理卷路径]

vgextend 命令的常用选项有以下几个。

-d：使用调试模式。

-f：强制扩展卷组。

-v：显示详细信息。

例如：现在需要将卷组 landy 再扩大 1G。

（1）通过 fdisk 命令在/dev/sdb 磁盘剩下的空间再划分 1G 的 Linux LVM 类型的分区，通过 p 命令查看分区情况，如图 4-27 所示。

```
设备         启动      起点       末尾     扇区  大小 Id 类型
/dev/sdb1              2048    6293503 6291456    3G 8e Linux LVM
/dev/sdb2           6293504   12584959 6291456    3G 8e Linux LVM
/dev/sdb3          12584960   14682111 2097152    1G 8e Linux LVM
```

图 4-27　分区显示

通过 cat /proc/partitions 命令检查分区是否被内核识别，如图 4-28 所示。

```
[root@localhost ~]# cat /proc/partitions
major minor  #blocks  name

   8        0   20971520 sda
   8        1    1048576 sda1
   8        2   19921920 sda2
   8       16    8388608 sdb
   8       17    3145728 sdb1
   8       18    3145728 sdb2
   8       19    1048576 sdb3
  11        0    7667712 sr0
 253        0   17821696 dm-0
 253        1    2097152 dm-1
 253        2    5242880 dm-2
```

图 4-28　检查分区是否被内核识别

（2）将新划分的/dev/sdb3分区创建为物理卷，通过pvs查看物理卷信息，将物理卷/dev/sdb3加入至卷组landy中，通过vgs命令查看组空间是否变大，如图4-29所示。

```
[root@localhost ~]# pvcreate /dev/sdb3
  Physical volume "/dev/sdb3" successfully created.
[root@localhost ~]# pvs
  PV         VG      Fmt   Attr PSize    PFree
  /dev/sda2  rhel    lvm2  a--  <19.00g       0
  /dev/sdb1  landy   lvm2  a--   <3.00g       0
  /dev/sdb2  landy   lvm2  a--   <3.00g  1016.00m
  /dev/sdb3          lvm2  ---    1.00g    1.00g
[root@localhost ~]# vgextend landy /dev/sdb3
  Volume group "landy" successfully extended
[root@localhost ~]# vgs
  VG      #PV #LV #SN Attr    VSize    VFree
  landy     3   1   0 wz--n-  <6.99g  <1.99g
  rhel      1   2   0 wz--n- <19.00g       0
```

图4-29　创建物理卷、扩大卷组

5.动态扩展逻辑卷命令lvextend

lvextend命令可在线扩展逻辑卷的空间，并且不影响应用程序对逻辑卷的访问使用。整个空间扩展过程在使用lvextend命令动态在线扩展磁盘空间时，相对应用程序来说是透明的。扩展逻辑卷时要确定卷组是否有足够的空余空间，并且扩展时要先扩物理空间，再扩逻辑空间。

语法格式：lvextend [选项] [参数]

lvextend命令的常用选项有以下几个。

-L：指定逻辑卷的大小，单位为"kKmMgGtT"字节。

-l：指定逻辑卷的大小（LE个数）。

例如：将之前的textlv空间扩展至6G，并通过resize2fs命令调整磁盘格式化大小，如图4-30所示。

```
[root@localhost ~]# lvextend -L 6G /dev/landy/textlv
  Size of logical volume landy/textlv changed from 5.00 GiB (1280 extents) to 6.00 GiB
(1536 extents).
  Logical volume landy/textlv successfully resized.
[root@localhost ~]# lvs
  LV      VG    Attr      LSize    Pool Origin Data%  Meta%  Move Log Cpy%Sync Convert
  textlv  landy -wi-ao----  6.00g
  root    rhel  -wi-ao---- <17.00g
  swap    rhel  -wi-ao----  2.00g
[root@localhost ~]# resize2fs /dev/landy/textlv
resize2fs 1.44.6 (5-Mar-2019)
/dev/landy/textlv 上的文件系统已被挂载于 /mnt；需要进行在线调整大小

old_desc_blocks = 1, new_desc_blocks = 1
/dev/landy/textlv 上的文件系统现在为 1572864 个块（每块 4k）。
```

图 4-30　扩展逻辑卷

注意：磁盘格式化的大小要与逻辑卷的大小保持一致。如果逻辑卷大于磁盘格式化，由于部分区域未格式化成磁盘格式化，会造成空间浪费，如果逻辑卷小于磁盘格式化，那数据会出问题。

6.动态缩减逻辑卷命令 lvreduce

使用 lvreduce 命令可以减小逻辑卷的大小。但是减小逻辑卷的大小时要特别小心，因为减少了的部分数据会丢失。

语法格式：lvreduce [选项] [参数]

lvreduce 命令的常用选项有以下几个。

-L：指定逻辑卷的大小，单位为"kKmMgGtT"字节。

-l：指定逻辑卷的大小（LE 个数）。

例如：逻辑卷 textlv 的大小减少到 3G。

（1）卸载挂载至/mnt 的逻辑卷 textlv。

 [root@localhost ~]# umount /mnt

（2）检测逻辑卷上的空余空间，如图 4-31 所示。

```
[root@localhost ~]# e2fsck -f /dev/landy/textlv
e2fsck 1.44.6 (5-Mar-2019)
第 1 步：检查inode、块和大小
第 2 步：检查目录结构
第 3 步：检查目录连接性
第 4 步：检查引用计数
第 5 步：检查组概要信息
/dev/landy/textlv: 11/393216 文件 (0.0% 为非连续的)，46190/1572864 块
```

图 4-31　检测逻辑卷剩余空间

（3）磁盘格式化减少到 3G，如图 4-32 所示。

```
[root@localhost ~]# resize2fs /dev/landy/textlv 3G
resize2fs 1.44.6 (5-Mar-2019)
将 /dev/landy/textlv 上的文件系统调整为 786432 个块（每块 4k）。
/dev/landy/textlv 上的文件系统现在为 786432 个块（每块 4k）。
```

图 4-32　缩减磁盘格式化

（4）逻辑卷减少到 3G，缩减时，系统会询问 Do you really want to reduce landy/textlv，输入 y 即可，通过 lvs 命令查看逻辑卷 textlv 已缩减至 3G，如图 4-34 所示。

```
[root@localhost ~]# lvreduce -L 3G /dev/landy/textlv
  WARNING: Reducing active logical volume to 3.00 GiB.
  THIS MAY DESTROY YOUR DATA (filesystem etc.)
Do you really want to reduce landy/textlv? [y/n]: y
  Size of logical volume landy/textlv changed from 6.00 GiB (1536 extents) to 3.00 GiB
(768 extents).
  Logical volume landy/textlv successfully resized.
[root@localhost ~]# lvs
  LV      VG     Attr       LSize    Pool Origin Data%  Meta%  Move Log Cpy%Sync Convert
  textlv  landy  -wi-a-----   3.00g
  root    rhel   -wi-ao---- <17.00g
  swap    rhel   -wi-ao----   2.00g
```

图 4-34　缩减逻辑卷

7.缩减卷组命令 vgreduce

vgreduce 命令用于从卷组中删除物理卷。首先要确定移除的物理卷，将此物理卷上的数据转移至其他的物理卷，然后从卷组中将此物理卷移除。

语法格式：vgreduce [选项] [参数]

vgreduce 命令的常用选项有以下几个。

-a：如果命令行中没有指定要删除的物理卷，则删除所有的空物理卷。

例如：尝试从 landy 卷组中移除物理卷/dev/sdb3 和/dev/sdb2 时，由于/dev/sdb2 在使用中，没有移除成功，而/dev/sdb3 移除成功，如图 4-35 所示。

```
[root@localhost ~]# vgreduce landy /dev/sdb3 /dev/sdb2
  Physical volume "/dev/sdb2" still in use
  Removed "/dev/sdb3" from volume group "landy"
[root@localhost ~]# vgs
  VG     #PV #LV #SN Attr   VSize   VFree
  landy    2   1   0 wz--n-   5.99g 2.99g
  rhel     1   2   0 wz--n- <19.00g    0
```

图 4-35　移除物理卷并查看

4.6　项目实训

实训任务

根据本章项目任务，按照项目要求，完成实验内容。

实训目的

通过本节操作，掌握磁盘的分区、格式化及挂载。

实训步骤

STEP 1 菜单"虚拟机"→"设置"，打开"虚拟机设置"界面，在列表中选中"硬盘"选项，单击"添加"按钮添加一块新的硬盘，如图 4-1 所示（见 P78）。

STEP 2 在弹出的"添加硬件向导"页面中，如图 4-2 所示（见 P78），单击"下一步"按钮。

STEP 3 选择一个磁盘类型时，这里选择"SCSI"类型的磁盘，如图 4-2 所示（见 P78)，单击"下一步"按钮。

STEP 4 保持"创建新虚拟磁盘"单选按钮选中，单击"下一步"按钮，如图 4-3 所示（见 P79）。

STEP 5 设置磁盘空间大小为 20GB，如图 4-4 所示（见 P79)，单击"下一步"按钮。

STEP 6 指定磁盘文件时，默认已选中正在运行的虚拟机，如图 4-5（见 P80)所示，单击"完成"按钮，即可完成磁盘的添加。

STEP 7 重启系统，通过 fdisk dl 命令查看新添加的磁盘为/dev/sdb，而原来的磁盘是/dev/ sda，如图 4-36 所示。

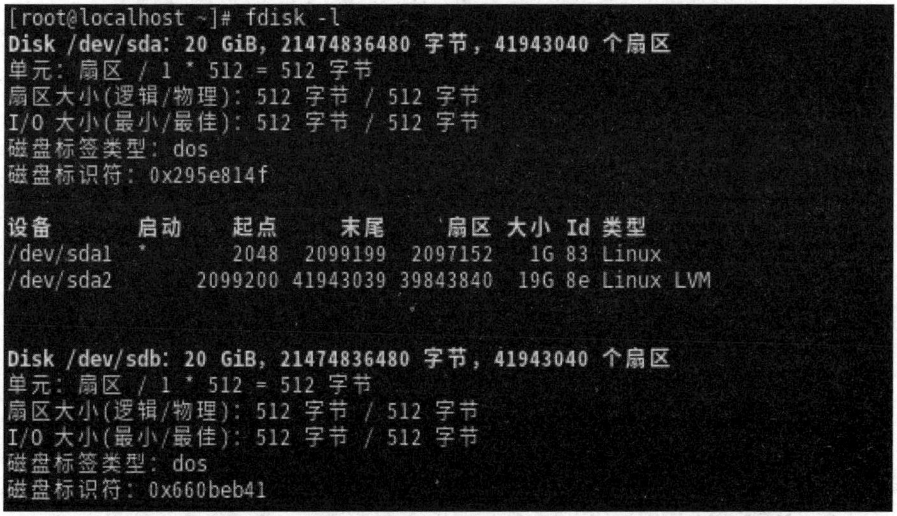

图 4-36 查看磁盘结构

STEP 8 新建磁盘主分区 1，设置大小 6G，用作挂载目录/backup，如图 4-37 所示。

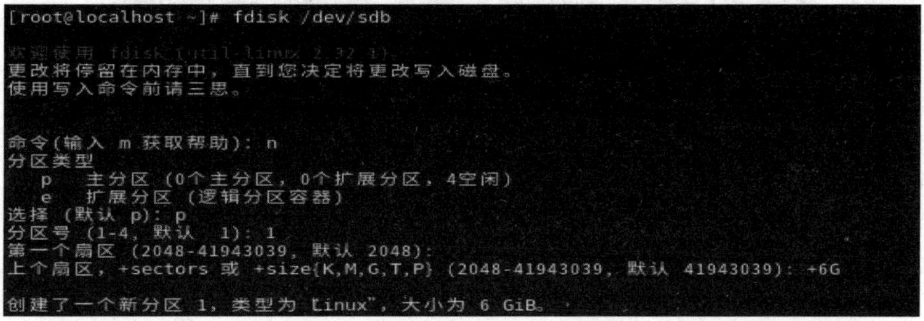

图 4-37 创建磁盘主分区

STEP 9 新建磁盘主分区 2，设置大小 2G，用作交换分区，使用 t 修改分区 2，通过 L 查看 82 为 Linux swap，进行设置，并通过 P 命令进行查看，如图 4-38 所示。

95

图 4-38　新建主分区设置为交换分区

STEP 10 新建磁盘主分区 3，设置大小 800M，用作/test，并通过 p 命令进行查看，如图 4-39 所示。

```
命令(输入 m 获取帮助): n
分区类型
   p   主分区 (2个主分区，0个扩展分区，2空闲)
   e   扩展分区 (逻辑分区容器)
选择 (默认 p): -p
分区号 (3,4，默认 3): 3
第一个扇区 (16779264-41943039，默认 16779264):
上个扇区，+sectors 或 +size{K,M,G,T,P} (16779264-41943039，默认 41943039): +800M

创建了一个新分区 3，类型为 Linux"，大小为 800 MiB。

命令(输入 m 获取帮助): p

Disk /dev/sdb: 20 GiB, 21474836480 字节，41943040 个扇区
单元：扇区 / 1 * 512 = 512 字节
扇区大小(逻辑/物理): 512 字节 / 512 字节
I/O 大小(最小/最佳): 512 字节 / 512 字节
磁盘标签类型: dos
磁盘标识符: 0x660beb41

设备       启动      起点        末尾      扇区      大小  Id 类型
/dev/sdb1            2048  12584959  12582912    6G 83 Linux
/dev/sdb2        12584960  16779263   4194304    2G 82 Linux swap / Solaris
/dev/sdb3        16779264  18417663   1638400  800M 83 Linux
```

图 4-39　新建主分区 3 并查看

STEP 11 新建扩展分区 4，设置大小为剩余空间（即在输入分区大小的地方直接敲回车），用来建立逻辑分区，挂载剩余的目录，并通过 p 命令进行查看，如图 4-40 所示。

```
命令(输入 m 获取帮助): n
分区类型
   p   主分区 (3个主分区，0个扩展分区，1空闲)
   e   扩展分区 (逻辑分区容器)
选择 (默认 e): e

已选择分区 4
第一个扇区 (18417664-41943039，默认 18417664):
上个扇区，+sectors 或 +size{K,M,G,T,P} (18417664-41943039，默认 41943039):

创建了一个新分区 4，类型为 Extended"，大小为 11.2 GiB。

命令(输入 m 获取帮助): p
Disk /dev/sdb: 20 GiB, 21474836480 字节，41943040 个扇区
单元：扇区 / 1 * 512 = 512 字节
扇区大小(逻辑/物理): 512 字节 / 512 字节
I/O 大小(最小/最佳): 512 字节 / 512 字节
磁盘标签类型: dos
磁盘标识符: 0x660beb41

设备       启动      起点        末尾      扇区      大小  Id 类型
/dev/sdb1            2048  12584959  12582912    6G 83 Linux
/dev/sdb2        12584960  16779263   4194304    2G 82 Linux swap / Solaris
/dev/sdb3        16779264  18417663   1638400  800M 83 Linux
/dev/sdb4        18417664  41943039  23525376 11.2G  5 扩展
```

图 4-40　新建扩展分区并查看

STEP 12 在扩展分区上，新建逻辑分区 3G，用作挂载/var，并通过命令 p 显示，如图 4-41 所示。

```
命令(输入 m 获取帮助): n
所有主分区都在使用中。
添加逻辑分区 5
第一个扇区 (18419712-41943039, 默认 18419712):
上个扇区, +sectors 或 +size{K,M,G,T,P} (18419712-41943039, 默认 41943039): +3G

创建了一个新分区 5，类型为 Linux"，大小为 3 GiB。

命令(输入 m 获取帮助): p
Disk /dev/sdb: 20 GiB, 21474836480 字节, 41943040 个扇区
单元: 扇区 / 1 * 512 = 512 字节
扇区大小(逻辑/物理): 512 字节 / 512 字节
I/O 大小(最小/最佳): 512 字节 / 512 字节
磁盘标签类型: dos
磁盘标识符: 0x660beb41

设备        启动     起点       末尾       扇区      大小  Id 类型
/dev/sdb1           2048  12584959  12582912       6G 83 Linux
/dev/sdb2       12584960  16779263   4194304       2G 82 Linux swap / Solaris
/dev/sdb3       16779264  18417663   1638400     800M 83 Linux
/dev/sdb4       18417664  41943039  23525376    11.2G  5 扩展
/dev/sdb5       18419712  24711167   6291456       3G 83 Linux
```

图 4-41　新建逻辑分区 3G 并查看

STEP 13 在扩展分区上，新建逻辑分区 3G，用作挂载/userfile，并通过命令 p 显示，如图 4-42 所示。

```
命令(输入 m 获取帮助): n
所有主分区都在使用中。
添加逻辑分区 6
第一个扇区 (24713216-41943039, 默认 24713216):
上个扇区, +sectors 或 +size{K,M,G,T,P} (24713216-41943039, 默认 41943039): +3G

创建了一个新分区 6，类型为 Linux"，大小为 3 GiB。

命令(输入 m 获取帮助): p
Disk /dev/sdb: 20 GiB, 21474836480 字节, 41943040 个扇区
单元: 扇区 / 1 * 512 = 512 字节
扇区大小(逻辑/物理): 512 字节 / 512 字节
I/O 大小(最小/最佳): 512 字节 / 512 字节
磁盘标签类型: dos
磁盘标识符: 0x660beb41

设备        启动     起点       末尾       扇区      大小  Id 类型
/dev/sdb1           2048  12584959  12582912       6G 83 Linux
/dev/sdb2       12584960  16779263   4194304       2G 82 Linux swap / Solaris
/dev/sdb3       16779264  18417663   1638400     800M 83 Linux
/dev/sdb4       18417664  41943039  23525376    11.2G  5 扩展
/dev/sdb5       18419712  24711167   6291456       3G 83 Linux
/dev/sdb6       24713216  31004671   6291456       3G 83 Linux
```

图 4-42　新建逻辑分区 3G 并查看

STEP 14 在扩展分区上，新建逻辑分区 5G，用作挂载/home，并通过命令 p 显示，如图 4-43 所示。

```
命令(输入 m 获取帮助) n
所有主分区都在使用中。
添加逻辑分区 7
第一个扇区 (31006720-41943039, 默认 31006720):
上个扇区, +sectors 或 +size{K,M,G,T,P} (31006720-41943039, 默认 41943039): +5G

创建了一个新分区 7, 类型为 "Linux", 大小为 5 GiB。

命令(输入 m 获取帮助): p
Disk /dev/sdb: 20 GiB, 21474836480 字节, 41943040 个扇区
单元: 扇区 / 1 * 512 = 512 字节
扇区大小(逻辑/物理): 512 字节 / 512 字节
I/O 大小(最小/最佳): 512 字节 / 512 字节
磁盘标签类型: dos
磁盘标识符: 0x660beb41

设备        启动      起点      末尾      扇区     大小 Id 类型
/dev/sdb1            2048 12584959 12582912   6G 83 Linux
/dev/sdb2       12584960 16779263  4194304   2G 82 Linux swap / Solaris
/dev/sdb3       16779264 18417663  1638400 800M 83 Linux
/dev/sdb4       18417664 41943039 23525376 11.2G  5 扩展
/dev/sdb5       18419712 24711167  6291456   3G 83 Linux
/dev/sdb6       24713216 31004671  6291456   3G 83 Linux
/dev/sdb7       31006720 41492479 10485760   5G 83 Linux
```

图 4-43　新建逻辑分区 5G 并查看

STEP 15 在 command 命令后输入 w 子命令保存并退出。如保存时出现下图所示的设备资源忙或设备不存在，一定需要同步分区表。可通过 cat /proc/partitions 查看，可观察看不到 sdb1、sdb5、sdb6、sdb7，如图 4-44 所示。

```
命令(输入 m 获取帮助): w
分区表已调整。




The kernel still uses the old partitions. The new table will be used at the next reboot.
正在同步磁盘。

[root@localhost ~]# cat /proc/partitions
major minor  #blocks  name

   8        0  20971520 sda
   8        1   1048576 sda1
   8        2  19921920 sda2
   8       16  20971520 sdb
   8       17   1048576 sdb1
   8       18   2097152 sdb2
   8       19    819200 sdb3
   8       20  11762688 sdb4
  11        0   7667712 sr0
 253        0  17821696 dm-0
 253        1   2097152 dm-1
```

图 4-44　保存并查看系统识别的设备

STEP↓16] 通过 partprobe 同步分区表，如果 cat /etc/partitions 还不能出现分区，通过 partx -d /dev/sdb 清理分区表，再通过 partx -a /dev/sdb 重新加载分区表。通过 cat /proc/partitions 查看时，可看到分区已经全部出现，如图 4-45 所示。

```
[root@localhost ~]# partprobe
Error: Partition(s) 5, 6, 7 on /dev/sdb have been written, but we have been unable to inform the ke
rnel of the change, probably because it\they are in use. As a result, the old partition(s) will re
main in use. You should reboot now before making further changes.
Warning: 无法以读写方式打开 /dev/sr0 (只读文件系统)。/dev/sr0 已按照只读方式打开。
[root@localhost ~]# partx -d /dev/sdb
partx: /dev/sdb: 删除分区 1 出错
[root@localhost ~]# partx -a /dev/sdb
partx: /dev/sdb: 添加分区 1 出错
[root@localhost ~]# cat /proc/partitions
major minor #blocks name

   8     0   20971520 sda
   8     1    1048576 sda1
   8     2   19921920 sda2
   8    16   20971520 sdb
   8    17    6291456 sdb1
   8    18    2097152 sdb2
   8    19     819200 sdb3
   8    20          1 sdb4
   8    21    3145728 sdb5
   8    22    3145728 sdb6
   8    23    5242880 sdb7
  11     0    7667712 sr0
 253     0   17821696 dm-0
 253     1    2097152 dm-1
```

图 4-45   同步分区表

分别格式化这几个分区。

[root@localhost~]#mkfs -t ext4 /dev/sdb1

[root@localhost~]#mkfs -t ext4 /dev/sdb3

[root@localhost~]#mkfs -t ext4 /dev/sdb5

[root@localhost~]#mkfs -t ext4 /dev/sdb6

[root@localhost~]#mkfs -t ext4 /dev/sdb7

STEP↓17] 新建目录。

[root@localhost~]#mkdir /test

[root@localhost~]#mkdir /backup

[root@localhost~]#mkdir /userfile

STEP↓18] 分别将这几个分区挂载到对应的目录下。

[root@localhost~]#mount /dev/sdb1 /backup

[root@localhost~]#mount /dev/sdb3 /test

[root@localhost~]#mount /dev/sdb5 /var

[root@localhost~]#mount /dev/sdb6 /userfile

[root@localhost~]#mount /dev/sdb7 /home

设置交换分区并激活，如图 4-46 所示。

```
[root@localhost ~]# mkswap /dev/sdb2
正在设置交换空间版本 1，大小 = 2 GiB (2147479552  个字节)
无标签，UUID=a5d5ba12-88fb-4519-9d24-6be20dec4ed5
[root@localhost ~]# swapon /dev/sdb2
```

图 4-46　设置交换分区并激活

项目五 文件权限与防火墙

项目案例

假设某单位租用 DDN 专线上网。网络拓扑如图 5-1 所示。iptables 防火墙的 eth0 接口连接外网,IP 地址为 222.206.160.100;eth1 接口连接内网,IP 地址为 222.206.100.1。假设在内网中存在 Web、DNS 和 E-mail 3 台服务器,这 3 台服务器都有公有 IP 地址。其 IP 地址如图 5-1 所示。设置防火墙规则加强对内网服务器的保护,对系统文件访问权限进行管理,并允许外网的用户可以访问此 3 台服务器。

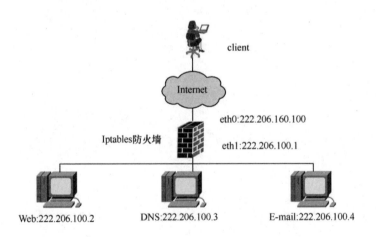

图5-1 网络拓扑图

项目任务

- 对文件权限的管理;
- 保护文件安全;
- 配置和管理 iptables,允许外网的用户可以访问此 3 台服务器;

- Linux 中网络安全的基本设置：保护口令文件，阻止 ping 防止 ip 欺骗。

项目目标

- 掌握 iptables 的工作过程；

- 熟悉配置和管理 iptables 防火墙；

- 熟练掌握文件权限修改的基本命令；

- 熟悉 Linux 下简单的安全行为管理。

5.1　文件权限

在 Linux 中为了增强系统文件的安全性，在用户访问文件时权限受限。管理员用户为了加强文件管理，实现文件的安全性，常对一些重要文件的访问权限进行限制，或者事后对一些文件权限进行修改管理。

5.1.1　文件权限分类

当使用 ls -l 命令查看文件权限的时候，在最左边一列 2~10 个字符表示文件的权限，如图 5-2 所示。文件的权限一般有三种：读（r）、写（w）和执行（x）权限。

r（Read，读取）：对文件而言，具有读取文件内容的权限；对目录来说，具有浏览目录的权限。

w（Write，写入）：对文件而言，具有新增、修改文件内容的权限；对目录来说，具有删除、移动目录内文件的权限。

x（execute，执行）：对文件而言，具有执行文件的权限；对目录来说，该用户具有进入目录的权限。

-: 表示不具有该项权限。

用数字表示法时，r 对应数字 4，w 对应数字 2，x 对应数字 1。

对于任意一个文件都是由用户登录系统后创建的，创建文件的用户为文件所有者（u），文件也可以所属组（g），即能够被所属组的用户访问，除了所有者、所属组中的用户对文件的操作，即是其他用户（o）。这三类用户对文件的权限如何，可以在通过 ls -l 命令查看文件的时候，从左侧 9 个字符查看出具体的权限，如图 5-2 所示。

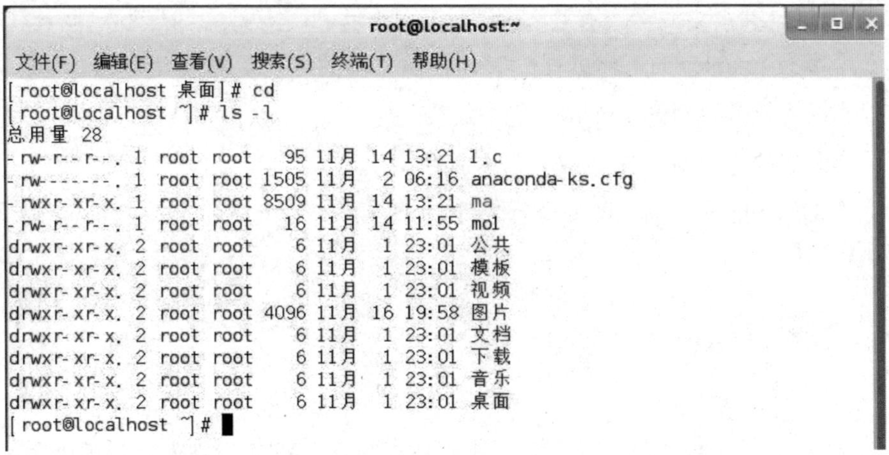

图5-2　长格式查看文件

d：表示是一个目录，事实上在 ext 4 中，目录是一个特殊的文件。

—：表示这是一个普通的文件。

l：表示这是一个符号链接文件，实际上它指向另一个文件。

b、c：分别表示区块设备和其他的外围设备，是特殊类型的文件。

s、p：这些文件关系到系统的数据结构和管道，通常很少见到。

5.1.2 文件权限的修改

文件权限设置完成之后是可以进行修改的，在修改权限的时候，权限的表示方法有文字表示方法和数字表示方法。在文字表示法中，r 表示读权限，w 表示写权限，x 表示执行权限，u 表示所有者，g 表示所属组，o 表示其他用户，a 表示所有用户，-表示在原有基础上减少权限，+表示在原有权限上增加权限，=表示将原有的权限覆盖。在数字表示方法中，用数字 4、2、1 分别来表示 r、w、x。

使用 chmod 命令修改权限的格式如下。

chmod 选项文件

1.文字表示法修改权限

在所有者 u、属组 g 和其他用户 o（或者所有用户 a）的基础上增加（+）、减少（-）、赋予（=）、读（r）、写（w）和执行（x）权限。如 f1

文件的权限为 rwxr--rw-，现在要将所有者的权限减少一个写权限，属组增加一个执行权限，可以表示为 u-w,g+x。

2.数字表示法修改权限

数字表示法将读取（r）、写入（w）和执行（x）分别用数字 4、2、1 来表示，并且将文件权限以每 3 个字符为一组计算其数字之和作为一类用户的权限。如 rw-r-xr--用数字表示为（4+2+0）（4+0+1）（4+0+0），也即所有者权限用数字 6 表示，属组权限用数字 5 表示，其他用户权限用数字 4 表示。

例如，当要修改目录 n2 的权限，想使得其他用户具有读的权限，可以在其他用户拥有的权限上增加一个 r 权限，使用如下命令实现。

[root@localhost~]#chmod o+r n2

如果要将所有用户的访问权限都改为读（4）、写（2）、执行（1）权限，使用如下命令实现。

[root@localhost~]#chmod a=rwx n2

或者

[root@localhost~]#chmod 777 n2

此处的第一个 7 是所有者用户对目录 n2 的权限为 4+2+1，第二个 7 是所属组用户对目录 n2 的权限为 4+2+1，第三个 7 是其他用户对目录 n2 的权限为 4+2+1。

5.1.3 对文件所有者与所属组的修改

修改文件所有者和所属组，命令格式如下所示：

chown 选项 用户:所属组 文件列表

例如，修改目录 n2 的所有者用户为 user1，所属组为 linux1。

[root@localhost~]#chown user1:linux1 n2

例如，修改目录 2 的属组为 users。

[root@localhost~]#chown :users n2

或者

[root@localhost~]#chgrp users n2

例如，修改目录 2 的所有者为 root。

[root@localhost~]#chown root n2

5.2　文件安全保护

攻击者攻击目标主机后，经常会破坏系统文件，为了防止攻击者对系统重要文件的篡改和删除，事先可以对这些文件加以保护。或者也可以查看文件的一些重要信息，看文件是否被篡改。

1.保护文件 chatter 命令

为了防止重要的文件被他人修改或者删除，可以使用 chatter 命令带上相应的参数，并在参数前面添加一个+号将其进行锁定，如果需要解锁，只需要在参数前面添加一个-号。

命令格式：chatter 参数 文件

（1）i 锁定文件，不能移动文件、不能删除文件、不能更改文件。

例如：新建一个文件 m1，将文件锁定后，向文件中添加内容、移动文件和删除文件都无法实现。然后通过-i 参数解锁文件 m1，就可以向文件中添加内容了。

[root@localhost ~]# touch m1

[root@localhost ~]# chattr +i m1

[root@localhost ~]# echo "add m1">m1

bash: m1: 不允许的操作

[root@localhost ~]# mv m1 /etc

mv:无法将'm1' 移动至'/etc/m1': 不允许的操作

[root@localhost ~]# rm -f m1

rm:无法删除'm1': 不允许的操作

[root@localhost ~]# chattr -i m1

[root@localhost ~]# echo "add m1">m1

（2）a 锁定文件，不能删除文件、不能移动文件，只能给文件追加内容。

例如，锁定文件，实现给文件中追加内容。

[root@localhost ~]# chattr +a m1

[root@localhost ~]# mv m1 /etc

mv: 无法将'm1' 移动至'/etc/m1': 不允许的操作

[root@localhost ~]# rm -f m1

rm: 无法删除'm1': 不允许的操作

[root@localhost ~]# echo "modify m1">>m1

（3）查看加锁信息 lsattr

例如，查看 m1 文件的加锁情况。

[root@localhost ~]# lsattr m1

-----a-------------- m1

（4）解锁，具体要查看文件加的是什么锁，然后解锁。

例如，查看文件的加锁信息，然后进行解锁。

[root@localhost ~]# lsattr m1

-----a-------------- m1

[root@localhost ~]# chattr -a m1

[root@localhost ~]# lsattr m1

-------------------- m1

2.查看文件访问时间及 hash 散列值

如果系统中文件被修改，可以通过查看文件访问时间和 hash 值来有效地判断识别。

例如，查看/etc/passwd 文件的访问时间等信息。

[root@localhost ~]# stat /etc/passwd

文件：/etc/passwd

大小：2601　　块：8　　　　IO 块：4096　普通文件

设备：fd00h/64768d　　Inode：34648954　　硬链接：1

权限：（0644/-rw-r--r--）Uid：（　0/　root）Gid：（　0/　root）

最近访问：2021-08-04 12:08:30.887013745 +0800

最近更改：2021-08-03 09:59:25.359031190 +0800

最近改动：2021-08-03 09:59:25.385030852 +0800

创建时间：-

例如，查看/bin/netstat 文件的 hash 值。

[root@localhost ~]# sha256sum /bin/netstat

2fe28d4d9d15d176598af8230b7d5642f2b1b4c4004359f037a4de5801dfdffd
/bin/netstat

例如，查看/bin/netstat 文件的 md5 值。

[root@localhost ipv4]# md5sum /bin/netstat

4f7924a8e72848b7128af7b68464b296 /bin/netstat

3.检测用户文件的一致性

检测/etc/passwd 和/etc/shadow 文件的一致性。

[root@localhost ~]#pwck

4.检测组文件的一致性

检测/etc/group 和/etc/gshadow 文件的一致性。

[root@localhost ~]#grpck

5.阻止 ping 命令

为了防止攻击者对计算机使用 ping 操作获取主机信息，在 Linux 系统中可以阻止外部主机 ping 操作。

例如，修改 icmp_echo_ignore_all 文件内容值为 1，阻止 ping 操作。

[root@localhost ~]# echo "1"> /proc/sys/net/ipv4/icmp_echo_ignore_all

[root@localhost ~]# ping 127.0.0.1

PING 127.0.0.1 （127.0.0.1） 56（84） bytes of data.

^C

--- 127.0.0.1 ping statistics ---

5 packets transmitted, 0 received, 100% packet loss, time 4081ms

例如，修改文件解除阻止，正常执行 ping 操作。

[root@localhost ~]#echo "0"> /proc/sys/net/ipv4/icmp_echo_ignore_all

[root@localhost ~]# ping 127.0.0.1

PING 127.0.0.1 （127.0.0.1） 56（84） bytes of data.

64 bytes from 127.0.0.1: icmp_seq=1 ttl=64 time=0.099 ms

64 bytes from 127.0.0.1: icmp_seq=2 ttl=64 time=0.123 ms

64 bytes from 127.0.0.1: icmp_seq=3 ttl=64 time=0.094 ms

^C

5.3 配置和管理 iptables

防火墙是一种非常重要的网络安全工具,利用防火墙可以保护企业内部网络免受外网的威胁。作为网络管理员,掌握防火墙的安装与配置非常重要。现在常见的防火墙有硬件防火墙和软件防火墙。硬件防火墙如华为 USG 系列防火墙、天融信和深信服防火墙等,软件防火墙如集成在操作系统上的防火墙,在 Red Hat Linux7.0 以上操作系统上有三种共存的防火墙,即 firewalld、iptables 和 ebtables。firewalld 和 iptables 作用都是用于维护规则,默认使用 firewalld 命令来管理 Netfilter 子系统,如果要使用 iptables 来维护规则,可以先关闭 firewalld。

5.3.1 包过滤型防火墙工作原理

(1)数据包从外网传送给防火墙后,防火墙在 IP 层向 TCP 层传输数据前,将数据包转发给包检查模块进行处理。

(2)首先与第一条过滤规则进行比较。

(3)如果与第一条规则匹配,则进行审核,判断是否允许传输该数据包,如果允许则传输,否则查看该规则是否阻止该数据包通过,如果阻止则将该数据包丢弃。

(4)如果与第一条过滤规则不同,则查看是否还有下一条规则。如果有,则与下一条规则匹配,如果匹配成功,则进行与(3)相同的审核过程。

(5)依此类推,一条一条规则匹配,直到最后一条过滤规则。如果该数据包与所有的过滤规则均不匹配,则采用防火墙的默认访问控制策略(丢掉该数据包,或允许该数据包通过)。

5.3.2 iptables 常用的基础命令

在 Red Hat Linux 中真正使用规则干活的是内核的 Netfilter 子系统,该子系统中内置有 3 张表：filter 表、nat 表和 mangle 表。其中 filter 表用于实现数据包的过滤，nat 表用于网络地址转换，mangle 表用于包的重构。

使用 iptables 构建网络防火墙，实现包过滤、网络地址转换等功能，具体所带参数如表 5-1 所示：

iptables [-t 表名] -命令[链名] 匹配条件 目标动作

表 5-1   iptables 常用操作命令匹配、规则匹配和目标动作选项

命　令	
-A: 向规则链中添加条目； -D: 从规则链中删除条目； -i: 向规则链中插入条目； -R: 替换规则链中的条目； -L: 显示规则链中已有的条目； -F: 清除规则链中已有的条目； -Z: 清空规则链中的数据包计算器和字节计数器； -N: 创建新的用户自定义规则链； -P: 定义规则链中的默认目标； -h: 显示帮助信息； -p: 指定要匹配的数据包协议类型； -s: 指定要匹配的数据包源ip地址； -j<目标>: 指定要跳转的目标； -i<网络接口>: 指定数据包进入本机的网络接口； -o<网络接口>: 指定数据包要离开本机所使用的网络接口； -d: 指定要匹配的数据包目的ip地址。	链名包括： INPUT链：处理输入数据包。 OUTPUT链：处理输出数据包。 FORWARD链：处理转发数据包。 PREROUTING链：用于目标地址转换（DNAT）。 POSTOUTING链：用于源地址转换（SNAT）。 动作包括： ACCEPT：允许数据包通过。 DROP：丢弃数据包。 REJECT：拒绝数据包通过。 SNAT：源地址转换。 DNAT：目标地址转换。 MASQUERADE：是SNAT的一种特殊形式，适用于动态的、临时会变的IP上。 LOG：在/var/log/messages文件中记录日志信息。
注意：iptables所有参数和选项都区分大小写。	

5.3.3 配置和管理 firewalld 和 iptables

在 Linux 环境中配置 Web 服务器、DNS 服务器和 E-mail 服务器，主要完成包的安装、主配置文件的编辑和服务器的开启。服务器网卡地址配置如图 5-3 至图 5-7 所示。

图5-3　eth0 IP地址　　　　　图5-4　eth1 IP地址

图5-5　Web ip地址　　　　　图5-6　DNS ip地址

图5-7　e-mail地址

1.管理 firewalld 防火墙

（1）查看防火墙状态

[root@localhost ipv4]# systemctl status firewalld

● firewalld.service - firewalld - dynamic firewall daemon

Loaded: loaded（/usr/lib/systemd/system/firewalld.service; enabled; vendor>

Active: active （running） since Thu 2021-08-05 21:10:11 CST; 1 weeks 0 days>

Docs: man:firewalld（1）

Main PID: 1071 （firewalld）

Tasks: 2 （limit: 8634）

（2）设置防火墙开机启动，并查看防火墙状态

[root@localhost ipv4]# systemctl enable firewalld

[root@localhost ipv4]# systemctl status firewalld

● firewalld.service - firewalld - dynamic firewall daemon

Loaded: loaded （/usr/lib/systemd/system/firewalld.service; enabled; vendor>

Active: active （running） since Thu 2021-08-05 21:10:11 CST; 1 weeks 0 days>

Docs: man:firewalld（1）

（3）设置开机禁止启动，并查看防火墙状态

[root@localhost ipv4]# systemctl disable firewalld

Removed /etc/systemd/system/multi-user.target.wants/firewalld.service.

Removed /etc/systemd/system/dbus-org.fedoraproject.FirewallD1.service.

[root@localhost ipv4]# systemctl status firewalld

● firewalld.service - firewalld - dynamic firewall daemon

Loaded: loaded （/usr/lib/systemd/system/firewalld.service; disabled; vendo>

Active: active （running） since Thu 2021-08-05 21:10:11 CST; 1 weeks 0

days>

Docs: man:firewalld（1）

（4）关闭防火墙，并查看防火墙状态

[root@localhost ipv4]# systemctl stop firewalld

[root@localhost ipv4]# systemctl status firewalld

● firewalld.service - firewalld - dynamic firewall daemon

Loaded: loaded （/usr/lib/systemd/system/firewalld.service; disabled; vendo>

Active: inactive （dead）

Docs: man:firewalld（1）

（5）启动防火墙，并查看防火墙状态

[root@localhost ipv4]# systemctl start firewalld

[root@localhost ipv4]# systemctl status firewalld

● firewalld.service - firewalld - dynamic firewall daemon

Loaded: loaded （/usr/lib/systemd/system/firewalld.service; disabled; vendo>

Active: active （running） since Thu 2021-08-12 23:36:24 CST; 2s ago

Docs: man:firewalld（1）

 Main PID: 16606 （firewalld）

Tasks: 2 （limit: 8634）

2.管理 iptables 防火墙

在配置防火墙规则的时候可以使用 iptables（或者 firewalld），注意要先使用 systemctl stop firewalld 命令来关闭 firewalld 防火墙。

如要实现外网数据包经由 iptables 防火墙转发到内部 Web 服务器、DNS 服务器和 E-mail 服务器，内网服务器发出的数据包经由 iptables 防火墙转发。

第一步，清除预设表 filter 中的所有规则链的规则。

[root@localhost ~]# iptables －F

第二步，禁止 iptables 防火墙转发任何数据包。

[root@localhost ~]# iptables -P FORWARD DROP

第三步，建立来自 Internet 网络数据包过滤规则。

（1）允许发送到 222.206.100.2 主机 80 端口的数据包经由 eth0 网卡转发。

[root@localhost ~]# iptables -A FORWARD -d 222.206.100.2 -p tcp --dport 80 -i eth0 -j ACCEPT

（2）允许发送到 222.206.100.3 主机 53 端口的数据包经由 eth0 网卡转发。

[root@localhost ~]# iptables -A FORWARD -d 222.206.100.3 -p tcp --dport 53 -i eth0 -j ACCEPT

（3）允许发送到 222.206.100.4 主机 25 端口的数据包经由 eth0 网卡转发。

[root@localhost ~]# iptables -A FORWARD -d 222.206.100.4 -p tcp --dport 25 -i eth0 -j ACCEPT

（4）允许发送到 222.206.100.4 主机 110 端口的数据包经由 eth0 网卡转发。

[root@localhost ~]# iptables -A FORWARD -d 222.206.100.4 -p tcp --dport 110 -i eth0 -j ACCEPT

第四步，接受来自内网数据包的过滤。

允许来自内网 222.206.100.0/24 网段主机数据包的转发。

[root@localhost ~]# iptables -A FORWARD -s 222.206.100.0/24 -j ACCEPT

第五步，对于所有的 icmp 数据包进行限制，允许每秒通过一个数据包，该限制的触发条件是 10 个包。

[root@localhost ~]# iptables -A FORWARD -p icmp -m limit --limit 1/s --limit-burst 10 -j ACCEPT

第六步，开启路由转发功能。

[root@localhost ~]# echo "1">/proc/sys/net/ipv4/ip_forward

5.4　项目实训

实训背景

背景1：假如某公司需要 Internet 接入，由 ISP 分配 IP 地址 202.112.113.112。采用 iptables 作为 NAT 服务器接入网络，内部采用 192.168.1.0/24 地址，外部采用 202.112.113.112 地址。为确保安全需要配置防火墙功能，要求内部仅能够访问 Web、DNS 及 Mail 三台服务器；内部 Web 服务器 192.168.1.100 通过端口映象方式对外提供服务。

背景2：某公司一重要文件开始创建的时候没有注意权限管理，对外完全开放读写执行权限，此时要更改该文件权限。

实训任务

Linux 下关闭和启动 firewalld 防火墙；Linux 下 iptables 防火墙的配置；文件权限的修改。

实训目的

熟练完成 firewalld、iptables 的应用，能够熟练管理文件权限。

实训步骤

1.文件权限管理

●创建用户 user1，并设置密码。

[root@localhost ipv4]# useradd user1

[root@localhost ipv4]# passwd user1

●在用户 user1 主目录下创建目录 test，进入 test 目录创建空文件 file1。并以长格形式显示文件信息，注意文件的权限和所属用户和组。

[root@localhost ipv4]# su user1

[user1@localhost ipv4]$ cd

[user1@localhost ~]$ mkdir test

[user1@localhost ~]$ cd test

[user1@localhost test]$ touch file1

[user1@localhost test]$ ll

总用量 0

-rw-rw-r-- 1 user1 user1 0 8 月 13 00:38 file1

●对文件 file1 设置权限，使其他用户可以对此文件进行写操作。并查看设置结果。

[user1@localhost test]$ chmod o+w file1

[user1@localhost test]$ ll

总用量 0

-rw-rw-rw- 1 user1 user1 0 8 月 13 00:38 file1

●取消同组用户对此文件的读取权限。查看设置结果。

[user1@localhost test]$ chmod g-r file1

[user1@localhost test]$ ll

总用量 0

-rw--w-rw- 1 user1 user1 0 8 月 13 00:38 file1

●用数字形式为文件 file1 设置权限，所有者可读、可写、可执行；其他用户和所属组用户只有读和执行的权限。设置完成后查看设置结果。

[user1@localhost test]$ chmod 755 file1

[user1@localhost test]$ ll

总用量 0

-rwxr-xr-x 1 user1 user1 0 8 月 13 00:38 file1

●用数字形式更改文件 file1 的权限，使所有者只能读取此文件，其他任何用户都没有权限。查看设置结果。

[user1@localhost test]$ chmod 400 file1

[user1@localhost test]$ ll

总用量 0

-r-------- 1 user1 user1 0 8 月 13 00:38 file1

●为其他用户添加写权限。查看设置结果。

[user1@localhost test]$ chmod o+w file1

[user1@localhost test]$ ll

总用量 0

-r------w- 1 user1 user1 0 8 月 13 00:38 file1

●回到上层目录，查看 test 的权限。

[user1@localhost test]$ cd ..;ll

总用量 0

drwxrwxr-x 2 user1 user1 19 8 月 13 00:38 test

●为其他用户添加对此目录的写权限。

[user1@localhost ~]$ chmod o+w test

[user1@localhost ~]$ ll

总用量 0

drwxrwxrwx 2 user1 user1 19 8 月 13 00:38 test

●查看目录 test 及其中文件的所属用户和组。

[user1@localhost ~]$ ll

总用量 0

drwxrwxrwx 2 user1 user1 19 8 月 13 00:38 test

[user1@localhost ~]$ ll test/

总用量 0

-r------w- 1 user1 user1 0 8 月 13 00:38 file1

2.管理 firewalld 防火墙

●查看防火墙状态

[root@localhost ipv4]#systemctl status firewalld

●关闭防火墙，并查看防火墙状态

[root@localhost ipv4]#systemctl stop firewalld

[root@localhost ipv4]#systemctl status firewalld

●开启防火墙，并查看防火墙状态

[root@localhost ipv4]#systemctl start firewalld

[root@localhost ipv4]#systemctl status firewalld

●设置开机启动防火墙，并查看防火墙状态

[root@localhost ipv4]#systemctl enable firewalld

[root@localhost ipv4]#systemctl status firewalld

●设置开机禁止防火墙，并查看防火墙状态

[root@localhost ipv4]#systemctl disable firewalld

[root@localhost ipv4]#systemctl status firewalld

3.iptalbes 的应用

●载入三个表

[root@localhost ipv4]#iptables -t filter -F

[root@localhost ipv4]#iptables -t nat -F

[root@localhost ipv4]#iptables -t mangle -F

●设置 Web 服务器

[root@localhost ipv4]#iptables -A FORWARD -i eth0 -p tcp --dport 80 -j ACCEPT

[root@localhost ipv4]#iptables -A FORWARD -i eth0 -p udp --dport 80 -j ACCEPT

[root@localhost ipv4]#iptables -t nat -A POSTROUTING -o eth0 -p tcp --dport 80 -j SNAT --to-source 202.112.113.112

[root@localhost ipv4]#iptables -t nat -A POSTROUTING -o eth0 -p udp --dport 80 -j SNAT --to-source 202.112.113.112

●设置 DNS 服务器

[root@localhost ipv4]#iptables -A FORWARD -i eth0 -p tcp --dport 53 -j ACCEPT

[root@localhost ipv4]#iptables -A FORWARD -i eth0 -p udp --dport 53 -j ACCEPT

●设置邮件服务器

[root@localhost ipv4]#iptables -A FORWARD -i eth0 -p tcp --dport 25 -j ACCEPT

[root@localhost ipv4]#iptables -A FORWARD -i eth0 -p udp --dport 25 -j

ACCEPT

[root@localhost ipv4]#iptables -A FORWARD -i eth0 -p udp --dport 110 -j ACCEPT

[root@localhost ipv4]#iptables -A FORWARD -i eth0 -p tcp --dport 110 -j ACCEPT

●设置不回应 ICMP 封包

[root@localhost ipv4]#iptables -t filter -A INPUT -p icmp --icmp-type 8 -j DROP

[root@localhost ipv4]#iptables -t filter -A OUTPUT -p icmp --icmp-type 0 -j DROP

[root@localhost ipv4]#iptables -t filter -A FORWARD -p icmp --icmp-type 8 -j DROP

[root@localhost ipv4]#iptables -t filter -A FORWARD -p icmp --icmp-type 0 -j DROP

●防止网络扫描

[root@localhost ipv4]#iptables -t filter -A INPUT -p tcp --tcp-flags ALL ALL -j DROP

[root@localhost ipv4]#iptables -t filter -A FORWARD -p tcp --tcp-flags ALL ALL -j DROP

[root@localhost ipv4]#iptables -t filter -A INPUT -p tcp --tcp-flags ALL NONE -j DROP

[root@localhost ipv4]#iptables -t filter -A FORWARD -p tcp --tcp-flags ALL NONE -j DROP

[root@localhost ipv4]#iptables -t filter -A INPUT -p tcp --tcp-flags ALL FIN,URG,PSH -j DROP

[root@localhost ipv4]#iptables -t filter -A FORWARD -p tcp --tcp-flags ALL FIN,URG,PSH -j DROP

[root@localhost ipv4]#iptables -t filter -A INPUT -p tcp --tcp-flags SYN,RST SYN,RST -j DROP [root@localhost ipv4]#iptables -t filter -A FORWARD -p tcp --tcp-flags SYN,RST SYN,RST -j DROP

●允许管理员以 SSH 方式连接到防火墙修改设定

[root@localhost ipv4]#iptables -t filter -A INPUT -p tcp --dport 22 -j ACCEPT

[root@localhost ipv4]#iptables -t filter -A INPUT -p udp --dport 22 -j ACCEPT

项目六　shell 编程

项目案例

为了加强系统安全管理，通过编写 shell 程序代码调用操作系统下的命令来管理操作系统里的目录和文件，以实现对操作系统安全加固。管理员要检验系统中是否包含 named 用户，需要从用户和组文件/etc/passwd、/etc/shadow、/etc/group、/etc/gshadow 中查找是否有该用户的存在。

项目任务

本章主要介绍什么是 shell 编程，通过简单示例描述 shell 程序的结构，在 shell 程序中怎样实现字符串运算、算术运算，并介绍条件语句和循环语句，以及在条件语句中灵活应用 test 命令进行条件判断。

项目目标

了解 shell 编程概念，熟悉 test 命令、字符串和算术运算符的使用，熟悉条件和循环语句的语法结构，能够熟练地应用 shell 程序调用系统命令来管理操作系统。

6.1　shell 编程概述

shell 编程是利用 shell 的功能所写的一个"程序"，这个程序使用纯文本文件，将一些 shell 的语法与命令（含外部命令）写在里面，搭配正则表达式、管道命令与数据流重定向等功能，以达到想要的处理目的。

shell 程序可以简单地看成批处理文件，也可以说是程序语言，并且这个程序语言都是利用 shell 与相关工具命令组成的，不需要编译即可运行。

在编写 shell 程序的时候需要注意如下几点：

（1）命令的执行是从上到下、从左到右进行的；

（2）命令、选项与参数间的多个空格都会被忽略掉；

（3）空白行也将被忽略掉，并且按"Tab"键生成的空白同样被视为空白行；

（4）如果读取到一个 Enter 符号（CR），就尝试开始运行该行（或该串）命令；

（5）如果一行的内容太多，则可以使用"\[Enter]"来延伸至下一行；

（6）"#"可作为注解，任何加在"#"后面的数据都将全部被视为注解文字而被忽略。

6.2 运行 shell 脚本

执行 shell 脚本的方式有两种，一种是在编写 shell 脚本时，在脚本文件中添加 sh 命令路径，然后在命令行使用 sh 调用执行该脚本文件。另外一种方式是直接给该脚本文件所有者添加执行权限，然后使用./方式执行该脚本文件。

1.在 shell 脚本中设置 sh 命令的路径

PATH=/bin:/sbin:/usr/bin:/usr/sbin:/usr/local/bin:/usr/local/sbin:~/bin;

export   PATH

然后在命令行执行该脚本文件："本文件：行本文件。脚本文件名"。

2.文件名行本文件

给 shell 脚本文件添加执行权限，再使用"本文件添加执行脚本文件"执行该脚本文件。

示例 1：编写第一个 shell 脚本。

/*标准打印输出*/

[root@dns ~]# vi sh01.sh

#!/bin/bash　　　#系统判断该程序使用 bash 来运行#

PATH=/bin:/sbin:/usr/bin:/usr/sbin:/usr/local/bin:/usr/local/sbin:~/bin

export PATH　　　#配置环境变量，使得执行 sh01.sh 脚本的时候不需要带绝对路径

echo –e "Hello World！\n"　#打印输出，e 将双引号中的\转义为格式符

/*运行该脚本*/

[root@dns ~]# sh sh01.sh

示例 2：编写第二个 shell 脚本。

/*标准输入、输出*/

[root@dns ~]# vi sh02.sh

#!/bin/bash

PATH=/bin:/sbin:/usr/bin:/usr/sbin:/usr/local/bin:/usr/local/sbin:~/bin

export PATH

read –p "请输入姓：" firstname　#带上 p 识别第一列为字符串#

read -p "请输入名：" lastname

echo –e "\n 你的名字是：$firstname $lastname"

/*运行该脚本*/

[root@dns ~]# sh sh02.sh

6.3　字符串运算

1.字符串连接符：两个字符串直接连接

str1="I"

str2="like"

str3="computer"

str=$str1$str2$str3

示例：将"I""like""computer"三个字符串连接为一个字符串。

```
[root@localhost ~]# cat str.sh
#!/bin/bash
PATH=/bin:/sbin:/usr/bin:/usr/sbin:/usr/local/bin:/usr/local/sbin:~/bin
export PATH
str1="I"
str2="like"
str3="computer"
str=$str1$str2$str3
echo $str
[root@localhost ~]# sh str.sh
Ilikecomputer
```

2.截取字符串（str=https://news.cri.cn/20221130）

（1）#删除第一个字符串左边所有字符，包含字符串本身，保留右边字符串。

${str#*//} ——→ news.cri.cn/20221130

（2）##删除最右边字符串左边所有字符，包含字符串本身，保留右边字符串。

${str##*/} ——→ 20221130

（3）%删除右边字符串，包含字符串本身。

${str%cn*} ——→ https://news.cri.

（4）%%删除最左边字符串右边字符串，包含字符串本身，保留右边字符串。

${str%%/*} ——→ https:

（5）截取中间字符串，截取从索引号0开始的5个字符。

${str:0:5} ——→ https

6.4 算术运输

使用$（（计算式））进行数值运算。

1.+、-运算

n1=70

n2=90

n=$（（$n1+$n2））

m=$（（$n1-$n2））

[root@localhost ~]# vim str.sh

```
#!/bin/bash
PATH=/bin:/sbin:/usr/bin:/usr/sbin:/usr/local/bin:/usr/local/sbin:~/bin
export PATH
n1=70
n2=90
n=$(($n1+$n2))
m=$(($n1-$n2))
echo -e "$n1+$n2=$n\n$n1-$n2=$m"
```

[root@localhost ~]# sh str.sh

```
70+90=160
70-90=-20
```

2.*乘法、/除法、%取余运算

n1=50

n2=5

m1=$（（$n1*$n2））

m2=$（（$n1/$n2））

m3=$（（$n2%$n1））

```
[root@localhost ~]# cat str.sh
#!/bin/bash
PATH=/bin:/sbin:/usr/bin:/usr/sbin:/usr/local/bin:/usr/local/sbin:~/bin
export PATH
n1=50
n2=5
m1=$(($n1*$n2))
m2=$(($n1/$n2))
m3=$(($n2%$n1))
echo -e "$n1*$n2=$m1\n$n1/$n2=$m2\n$n2%$n1=$m3"
[root@localhost ~]# sh str.sh
50*5=250
50/5=10
5%50=5
```

6.5 if...then 条件判定式

if...then 当符合某个条件时，进行某项工作，在条件表达式中**&&**为与运算符，**||**为或运算符。

1.单层、简单条件判断式

（1）if 条件判定式 then

　　语句

　　fi

（2）if 条件判定式 then

　　语句 1

　　else

　　语句 2

　　fi

2.多重、复杂条件判定式

在同一个数据的判断中，如果该数据需要多种不同的判断，需要进行多重、复杂条件判断。

if 条件判定式一 then　语句 1

else if 条件判定式二 then 语句 2

else　语句 3

fi

fi

6.6 test 命令

1.判断文件类型

（1）使用 test 命令来检测系统中的某些文件或者相关的属性：

-e 判断文件名是否存在

[root@localhost~]#test － e　filename

-f　判断文件名是否存在，并且是文件

[root@localhost~]# test － f　filename

-d 判断文件名是否存在，并且是目录

[root@localhost~]# test － d　mkdirname

-b 判断文件名是否存在，并且是一个区块设备

[root@localhost~]# test － b　/dev/sdb1

-c 判断文件名是否存在，并且是一个字符设备

[root@localhost~]# test － c　/dev/sdb1

-p 判断文件名是否存在，并且是一个管道文件

[root@localhost~]#test － p　filename

-L 判断文件名是否存在，并且是一个链接文件

[root@localhost~]#test － L　filename

（2）判断文件类型示例。

判断/root/f1.txt 文件是否是目录（f1.txt 是文件）

[root@localhost ~]# ll

总用量 24

-rw-------. 1 root root 1101 7 月　30 2021 anaconda-ks.cfg

-rw-r--r-- 1 root root　13 12 月　1 15:55 f1.txt

-rw-r--r-- 1 root root 1438 7 月 30 2021 initial-setup-ks.cfg

-rwxr--r--　1 root root　44 3 月　24 2022 new1

-rw-r--r--　1 root root 2638 10 月 16 21:28 ps

drwxr-xr-x　4 root root　34 8 月　3 2021 rpmbuild

-rw-r--r--　1 root root　181 12 月　1 15:55 t1.sh

```
[root@localhost ~]# cat testl.sh
#!/bin/bash
PATH=/bin:/sbin:/usr/bin:/usr/sbin:/usr/local/bin:/usr/local/sbin:~/bin
export PATH
if test -d /root/fl.txt
then
        echo "this is mkdir!"
else
        echo "this is file!"
fi
[root@localhost ~]# sh testl.sh
this is file!
```

2.检测文件权限

-r -->检测文件是否具有读的权限；

-w -->检测文件是否具有写的权限；

-x -->检测文件是否具有可执行权限；

-u -->检测文件是否具有 SUID 权限；

-g -->检测文件是否具有 SGID 权限；

-k -->检测文件是否具有可执行权的属性；

-s -->检测文件是否为非空白文件。

示例：判断/root/fl.txt 是否为非空文件？

```
[root@localhost ~]# cat tl.sh
#!/bin/bash
PATH=/bin:/sbin:/usr/bin:/usr/sbin:/usr/local/bin:/usr/local/sbin:~/bin
export PATH
if test -f /root/fl.txt && test -s /root/fl.txt
then
echo "this is NO null file!"
else
 echo "this is null file!"
fi
[root@localhost ~]# sh tl.sh
this is NO null file!
```

3.比较两个文件

使用 test 命令来检测系统中的某些文件或者相关的属性：

-nt -->判断 file1 是否比 file2 新

-ot -->判断 file1 是否比 file2 旧

-et -->判断 file1 与 file2 是否同一个文件，可用在硬链接的判断上。

示例：比较/root/fl.txt 和/root/f2.txt 两个文件，看哪个是最新创建的。

查看/root 目录下 f1.txt 和 f2.txt 两个文件的创建时间

```
[root@localhost ~]# ll
总用量 32
drwxr-xr-x. 2 root root    6 7月   30 2021 公共
drwxr-xr-x. 2 root root    6 7月   30 2021 模板
drwxr-xr-x. 2 root root    6 7月   30 2021 视频
drwxr-xr-x. 2 root root    6 7月   30 2021 图片
drwxr-xr-x. 2 root root    6 7月   30 2021 文档
drwxr-xr-x. 2 root root    6 7月   30 2021 下载
drwxr-xr-x. 2 root root    6 7月   30 2021 音乐
drwxr-xr-x. 2 root root    6 7月   30 2021 桌面
-rw-------. 1 root root 1101 7月   30 2021 anaconda-ks.cfg
-rw-r--r--. 1 root root   13 12月  1 15:55 f1.txt
-rw-r--r--. 1 root root   16 12月  1 17:03 f2.txt
-rw-r--r--. 1 root root 1438 7月   30 2021 initial-setup-ks.cfg
```

```
[root@localhost ~]# cat test1.sh
#!/bin/bash
PATH=/bin:/sbin:/usr/bin:/usr/sbin:/usr/local/bin:/usr/local/sbin:~/bin
export PATH
if test /root/f1.txt -nt /root/f2.txt
then
        echo "f1.txt is new!"
else
        echo "f2.txt is new!"
fi
[root@localhost ~]# sh test1.sh
f2.txt is new!
```

4.数值比较

使用 test 命令来检测系统中的某些文件或者相关的属性：

-eq -->两数值相等

-ne -->两数值不等

-gt -->n1>n2

-lt -->n1<n2

-ge -->n1>=n2

-le -->n1<=n2

示例：从键盘上输入两个数，比较这两个数。

```
[root@localhost ~]# cat test1.sh
#!/bin/bash
PATH=/bin:/sbin:/usr/bin:/usr/sbin:/usr/local/bin:/usr/local/sbin:~/bin
export PATH
read -p  "input the first number:" n1
read -p  "input the second numer:" n2
if test $n1 -gt $n2
then
        echo "$n1>$n2!"
else if test $n1 -lt $n2
then
        echo "$n1<$n2!"
else echo "$n1=$n2!"
fi
fi
[root@localhost ~]# sh test1.sh
input the first number:10
input the second numer:20
10<20!
[root@localhost ~]# sh test1.sh
input the first number:13
input the second numer:-2
13>-2!
[root@localhost ~]# sh test1.sh
input the first number:30
input the second numer:30
30=30!
```

5.判断字符串数据

test -z string 判定字符串是否为空字符串，是则为 true；test -n string 判定字符串是否为非空字符串，是则为 true；test str1=str2 判定 str1 是否等于 str2。若相等，则回传 true；test str1!=str2 判定 str1 是否不等于 str2。若不相等，则回传 true。

判断字符串数据示例：输入任意两个字符串，判断是否相等。

```
#!/bin/bash
PATH=/bin:/sbin:/usr/bin:/usr/sbin:/usr/local/bin:/usr/local/sbin:~/bin
export PATH
read -p "please input string1:" str1
read -p "please input string2:" str2
if test str1 == str2
then echo $str1
else echo $str2
fi
```

```
[root@localhost ~]# sh string.sh
please input string1:moyuqing
please input string2:wangping
wangping
[root@localhost ~]# sh string.sh
please input string1:moyuqing
please input string2:moyuqing
moyuqing
```

6.7 for..do..done 循环语句

在代码中要反复执行某个操作，可以通过循环语句，将要重复执行的代码放到循环体语句的程序段中。for 循环语句的结构如下。

for var **in** con1 con2 con3...

do

程序段

done

说明：var 为循环变量，con1 con2 con3…循环变量的取值，如果取值在一定范围内可以使用{起始值..终值}，循环直到 var 的值为空。

示例 1：将/etc 下文件和目录打印输出，并统计该目录下文件和目录的个数。

[root@localhost ~]# vi string.sh

```
#!/bin/bash
PATH=/bin:/sbin:/usr/bin:/usr/sbin:/usr/local/bin:/usr/local/sbin:~/bin
export PATH
str=$(ls /etc)
sum=0;
for file in $str
do
 sum=$(($sum+1))
done
 echo "/etc files number = "$sum
```

[root@localhost ~]#sh string.sh

/etc files numbers = 271

示例 2：使用 for 循环计算 120+152+136=?

[root@localhost ~]# vi sum1.sh

```
#!/bin/bash
PATH=/bin:/sbin:/usr/bin:/usr/sbin:/usr/local/bin:/usr/local/sbin:~/bin
export PATH
sum=0;
for i in 120 152 136
do
 sum=$(($sum+i))
done
 echo "120+152+136 = "$sum
```

[root@localhost ~]# sh sum1.sh

120+152+136 = 408

示例 3：使用 for 循环计算 1+2+3+...+100=?

[root@localhost ~]# vi sum2.sh

```
#!/bin/bash
PATH=/bin:/sbin:/usr/bin:/usr/sbin:/usr/local/bin:/usr/local/sbin:~/bin
export PATH
 sum=0;
for i in {1..100}
do
 sum=$(($sum+i))
done
 echo "1+2+3...= "$sum
```

[root@localhost ~]# sh sum2.sh

1+2+3...= 5050

6.8　项目实训

实训任务

要检验系统中是否包含 named 用户，需要从用户和组文件/etc/passwd、/etc/shadow、/etc/group、/etc/gshadow 中查找是否有该用户的存在。

实训目的

能够熟练使用 for 循环结构，调用系统命令 grep 命令，实现对操作系统的访问。

实训步骤

使用 vi 编辑器创建并打开文件 k1.sh，编写 shell 代码如下。

[root@localhost ~]# vi k1.sh

```
#!/bin/bash
PATH=/bin:/sbin:/usr/bin:/usr/sbin:/usr/local/bin:/usr/local/sbin:~/bin
export PATH
for str in "/etc/passwd" "/etc/shadow" "/etc/group" "/etc/gshadow"
do
 string=$(grep named $str)
 echo $str"---" $string
done
```

执行 k1.sh 文件，观察代码执行结果。

[root@localhost ~]# sh k1.sh

/etc/passwd--- named:x:25:25:Named:/var/named:/bin/false

/etc/shadow--- named:!!:18842::::::

/etc/group--- named:x:25:

/etc/gshadow--- named:!::

项目七　网络基础配置

项目案例

公司总部和分支机构的所有 Linux 服务器，都还没有配置 TCP/IP 网络参数，请设置好各项 TCP/IP 参数，并连通网络。以 Apache 服务器为例，Apache 服务器处于 192.168.0.0/24 网段内，为了使该服务器联网，需要配置：Apache 服务器名为 www.amy.com，IP 地址为 192.168.0.2，子网掩码为 255.255.255.0，网关为 192.168.0.254，DNS 服务器 IP 地址为 192.168.0.1。

项目任务

- 配置网络 TCP/IP 参数，通过图形界面或命令配置网络；
- 管理网络，使用网络管理工具管理网络。

项目目标

- 掌握网络配置文件的使用；
- 熟悉配置和管理网络。

7.1　网络配置

7.1.1 网络分类

计算机网络，是指将地理位置不同的具有独立功能的多台计算机及其外部设备，通过通信线路连接起来，在网络操作系统、网络管理软件及网络通信协议的管理和协调下，实现资源共享和信息传递的计算机系统。

从不同的角度对网络有不同的分类方法。了解网络的分类方法和类型特征，是熟悉网络技术的重要基础之一。

1.按地理位置进行分类

（1）局域网（LAN）：一般限定在较小的区域内，小于10km的范围，通常采用有线的方式连接起来。局域网在计算机数量配置上没有太多的限制，少的可以只有两台，多的可达几百台。一般来说在企业局域网中，工作站的数量在几十到两百台。局域网一般位于一个建筑物或一个单位内。

（2）城域网（MAN）：规模局限在一座城市的范围内，10～100km的区域。MAN与LAN相比扩展的距离更长，连接的计算机数量更多，在地理范围上可以说是LAN网络的延伸。在一个大型城市或都市地区，一个MAN网络通常连接着多个LAN网，如连接政府机构的LAN、医院的LAN、电信的LAN、公司企业的LAN等。由于光纤连接的引入，使MAN中高速的LAN互连成为可能。

（3）广域网（WAN）：网络跨越国界、洲界，甚至全球范围。这种网络也称为远程网，所覆盖的范围比城域网（MAN）更广，它一般是将不同城市之间的LAN或者MAN网络互联，地理范围可包含几百公里到几千公里。因为距离较远，信息衰减比较严重，所以这种网络一般需要租用专线，通过IMP（接口信息处理）协议和线路连接起来，构成网状结构，解决循径问题。

在这三种类型的网络中，局域网是组成其他两种类型网络的基础，是在现实生活中我们真正遇到最多的网络。城域网一般都加入了广域网。广域网的典型代表是Internet网。

2.按传输介质进行分类

（1）有线网：采用同轴电缆和双绞线来连接的计算机网络。

同轴电缆网是一种常见的连网方式。它比较经济，安装也较为便利，但传输率和抗干扰能力一般，传输距离较短。

双绞线网是目前最常见的连网方式。它价格便宜，安装方便，但易受干扰，传输率较低，传输距离比同轴电缆要短。

（2）光纤网：光纤网也是有线网的一种，但由于其特殊性而单独列出，光纤网采用光导纤维作传输介质。光纤传输距离长，传输率高，可达数Gbit/s抗干扰性强，不会受到电子监听设备的监听，是高安全性网络的理想选择。不过由于其价格较高，且需要高水平的安装技术，所以尚未普及。

（3）无线网：用电磁波作为载体来传输数据，无线网联网费用较高，还不太普及。但由于联网方式灵活方便，是一种很有前途的连网方式。

7.1.2 网络配置文件

在 Linux 系统中，TCP/IP 网络是通过若干个文本文件进行配置的，需要编辑这些文件来完成联网工作，这些文件一般存放在/etc 目录下。

1.NetworkManager

Red Hat Enterprise Linux8.4 中默认的网络服务由 NetworkManager 提供，这是动态控制及配置网络的守护进程，它用于保持当前网络设备及连接处于工作状态，同时也支持传统的 ifcfg 类型的配置文件。

NetworkManager 可以用于以下类型的连接：Ethernet，VLANS，Bridges，Bonds，Teams，Wi-Fi，mobile boradband（如移动 3G）以及 IP-over-InfiniBand。针对于这些网络类型，NetworkManager 可以配置它们的网络别名、IP 地址、静态路由、DNS、VPN 连接以及很多其他的特殊参数。

可以用命令行工具 nmcli 来控制 NetworkManager。

语法格式：nmcli [选项] 对象 ﹛命令｜帮助﹜

nmcli 命令的主要对象有以下两个。

connection：连接，偏重于逻辑设置。

device：网络接口，是物理设备。

添加一张物理网卡设备后，需为该网卡添加连接才能工作。网络设备名称和网络连接名称可以不相同。多个连接可以应用至同一个网络接口，但同一时间只能启用其中一个连接。这样可以针对一个网络接口设置多个网络连接，比如静态 IP 和动态 IP，再根据需要启动相应的连接。

例如，显示所有的连接，如下所示：

```
[root@localhost ~]# nmcli connection show
NAME      UUID                                   TYPE      DEVICE
virbr0    3e0817a7-7bde-4c2a-8da6-4278e33e186e   bridge    virbr0
ens160    1260450e-be69-437d-981a-5ebb921c868f   ethernet  --
```

Red Hat Enterprise Linux 8.4 中网卡命名规则被重新定义，网卡名称可能为 ens160。

例如，查看设备的连接，如下所示，有网卡设备 ens160 和本地回环设备

lo 等。

```
[root@localhost ~]# nmcli device status
DEVICE        TYPE        STATE           CONNECTION
virbr0        bridge      连接（外部）     virbr0
ens160        ethernet    已断开          --
lo            loopback    未托管          --
virbr0-nic    tun         _ 未托管        --
```

例如，在网卡 ens160 上配置两个连接，一个连接采用 DHCP 自动获得地址,连接名称为 dhcp-1，另外一个连接采用静态方式（static）指定 IP 地址，静态配置 IP 地址为 192.168.10.3，网关为 192.168.10.254,连接名称为 static-1。

（1）ens160 现在是 DHCP 获得 ip 地址方式，启用网络设备连接 dhcp-1 后，可查看 ens160 获得 IP 地址 192.168.15.130。创建 ens160 设备上新的连接 dhcp-1，如下所示：

①添加 dhcp-1 连接。

```
[root@localhost ~]# nmcli connection add type ethernet con-name dhcp-1
连接 "dhcp-1" (ad950b34-77c9-4d6d-9f74-9b88821c5145) 已成功添加。
```

②启动 dhcp-1 连接。

```
[root@localhost ~]# nmcli connection up dhcp-1
连接已成功激活（D-Bus 活动路径：/org/freedesktop/NetworkManager/ActiveConnection/4)
```

③查看 ens160 的 IP 地址。

```
[root@localhost ~]# ifconfig
ens160: flags=4163<UP,BROADCAST,RUNNING,MULTICAST>  mtu 1500
        inet 192.168.152.130  netmask 255.255.255.0  broadcast 192.168.152.255
        inet6 fe80::7121:c248:ca69:c0b0  prefixlen 64  scopeid 0x20<link>
        ether 00:0c:29:ca:b3:8e  txqueuelen 1000  (Ethernet)
        RX packets 86  bytes 17257 (16.8 KiB)
        RX errors 0  dropped 0  overruns 0  frame 0
        TX packets 126  bytes 14778 (14.4 KiB)
        TX errors 0  dropped 0 overruns 0  carrier 0  collisions 0

lo: flags=73<UP,LOOPBACK,RUNNING>  mtu 65536
        inet 127.0.0.1  netmask 255.0.0.0
        inet6 ::1  prefixlen 128  scopeid 0x10<host>
        loop  txqueuelen 1000  (Local Loopback)
        RX packets 348  bytes 29360 (28.6 KiB)
        RX errors 0  dropped 0  overruns 0  frame 0
        TX packets 348  bytes 29360 (28.6 KiB)
        TX errors 0  dropped 0 overruns 0  carrier 0  collisions 0

virbr0: flags=4099<UP,BROADCAST,MULTICAST>  mtu 1500
        inet 192.168.122.1  netmask 255.255.255.0  broadcast 192.168.122.255
        ether 52:54:00:a4:c5:fd  txqueuelen 1000  (Ethernet)
```

（2）创建新连接，连接名为 static-1，设置 IP 地址为 192.168.10.3，网关为 192.168.10.254。

```
[root@localhost ~]# nmcli connection add  con-name static-1 ifname ens160 type ethernet
ip4 192.168.10.3 gw4 192.168.10.254
连接 "static-1" (fcaefb5f-161d-4203-a1b1-308ceaf032df) 已成功添加。
```

注意：以上命令执行过程中会自动生成/etc/sysconfig/network-scripts/ifcfg-，并且相关内容已经添加进文件内部，无论是 DHCP 还是静态获得地址。

以上命令结束后，访问网卡配置文件所在目录进行查看，可见已生成文件 ifcfg-static-1，如下所示：

```
[root@localhost ~]# cd /etc/sysconfig/network-scripts/
[root@localhost network-scripts]# ls
ifcfg-dhcp-1  ifcfg-ens160  ifcfg-static-1
```

（3）查看 ens169 所有的连接，增加有 dhcp-1 和 static-1 两个连接。

```
[root@localhost network-scripts]# nmcli connection show
NAME       UUID                                    TYPE      DEVICE
dhcp-1     ad950b34-77c9-4d6d-9f74-9b88821c5145    ethernet  ens160
virbr0     3e0817a7-7bde-4c2a-8da6-4278e33e186e    bridge    virbr0
ens160     1260450e-be69-437d-981a-5ebb921c868f    ethernet  --
static-1   fcaefb5f-161d-4203-a1b1-308ceaf032df    ethernet  --
```

（4）查看 ens160 当前的活动连接，可见只有 dhcp-1 连接，通过 ifconfig 查看时可见网卡设备上的地址为 192.168.152.130。

```
[root@localhost network-scripts]# nmcli connection show --active
NAME    UUID                                   TYPE      DEVICE
dhcp-1  ad950b34-77c9-4d6d-9f74-9b88821c5145   ethernet  ens160
virbr0  3e0817a7-7bde-4c2a-8da6-4278e33e186e   bridge    virbr0
[root@localhost network-scripts]# ifconfig
ens160: flags=4163<UP,BROADCAST,RUNNING,MULTICAST>  mtu 1500
        inet 192.168.152.130  netmask 255.255.255.0  broadcast 192.168.152.255
        inet6 fe80::7121:c248:ca69:c0b0  prefixlen 64  scopeid 0x20<link>
        ether 00:0c:29:ca:b3:8e  txqueuelen 1000  (Ethernet)
        RX packets 209  bytes 28795 (28.1 KiB)
        RX errors 0  dropped 0  overruns 0  frame 0
        TX packets 230  bytes 22648 (22.1 KiB)
        TX errors 0  dropped 0  overruns 0  carrier 0  collisions 0
```

（5）启用连接 static-1。

```
[root@localhost network-scripts]# nmcli connection up static-1
连接已成功激活（D-Bus 活动路径：/org/freedesktop/NetworkManager/ActiveConnection/5）
```

（6）查看当前的活动连接，可见只有 static-1 连接，通过 ifconfig 查看时可见网卡设备上的地址为 192.168.10.3。

```
[root@localhost network-scripts]# nmcli connection show --active
NAME      UUID                                    TYPE       DEVICE
static-1  fcaefb5f-161d-4203-a1b1-308ceaf032df    ethernet   ens160
virbr0    3e0817a7-7bde-4c2a-8da6-4278e33e186e    bridge     virbr0
[root@localhost network-scripts]# ifconfig
ens160: flags=4163<UP,BROADCAST,RUNNING,MULTICAST>  mtu 1500
        inet 192.168.10.3  netmask 255.255.255.255  broadcast 0.0.0.0
        inet6 fe80::9372:8d03:4f63:daea  prefixlen 64  scopeid 0x20<link>
        ether 00:0c:29:ca:b3:8e  txqueuelen 1000  (Ethernet)
        RX packets 228  bytes 30444 (29.7 KiB)
        RX errors 0  dropped 0  overruns 0  frame 0
        TX packets 290  bytes 28395 (27.7 KiB)
        TX errors 0  dropped 0 overruns 0  carrier 0  collisions 0
```

例如，删除网卡配置连接 static-1。

```
[root@localhost network-scripts]# nmcli connection delete static-1
成功删除连接 "static-1" (fcaefb5f-161d-4203-a1b1-308ceaf032df)。
```

例如，停止网络接口 ens160，如下所示：

```
[root@localhost network-scripts]# nmcli device disconnect ens160
成功断开设备 "ens160"。
```

例如，为网卡设备 ens160 增加一个新的连接，使用 DHCP 分配 IP 地址、网关、DNS 等，名为 dhcp-2，并激活。

（1）创建新连接 dhcp-2。

```
[root@localhost network-scripts]# nmcli connection add type ethernet con-name dhcp-2
连接 "dhcp-2" (00a0e6d3-60c1-4449-8f88-1999995fb9a8) 已成功添加。
[root@localhost network-scripts]# nmcli connetcion up dhcp-2
```

（2）激活连接 dhcp-2，命令 ifconfig 查看，可见现在的 ens160 的地址应用在连接 dhcp-2 上，自动获得地址。

```
[root@localhost network-scripts]# nmcli connection up dhcp-2
连接已成功激活（D-Bus 活动路径：/org/freedesktop/NetworkManager/ActiveConnection/7）
[root@localhost network-scripts]# ifconfig
ens160: flags=4163<UP,BROADCAST,RUNNING,MULTICAST>  mtu 1500
        inet 192.168.152.130  netmask 255.255.255.0  broadcast 192.168.152.255
        inet6 fe80::c055:834f:4d38:4066  prefixlen 64  scopeid 0x20<link>
        ether 00:0c:29:ca:b3:8e  txqueuelen 1000  (Ethernet)
        RX packets 292  bytes 45011 (43.9 KiB)
        RX errors 0  dropped 0  overruns 0  frame 0
        TX packets 430  bytes 44283 (43.2 KiB)
        TX errors 0  dropped 0 overruns 0  carrier 0  collisions 0
```

（3）查看所有可见的连接有 ens160、dhcp-1 和 dhcp-2，dhcp-2 连接在设备 ens160 上，查看活动连接可见有 dhcp-2。

```
[root@localhost network-scripts]# nmcli connection show
NAME      UUID                                    TYPE       DEVICE
dhcp-2    00a0e6d3-60c1-4449-8f88-1999995fb9a8    ethernet   ens160
virbr0    3e0817a7-7bde-4c2a-8da6-4278e33e186e    bridge     virbr0
dhcp-1    ad950b34-77c9-4d6d-9f74-9b88821c5145    ethernet   --
ens160    1260450e-be69-437d-981a-5ebb921c868f    ethernet   --
[root@localhost network-scripts]# nmcli connection show --active
NAME      UUID                                    TYPE       DEVICE
dhcp-2    00a0e6d3-60c1-4449-8f88-1999995fb9a8    ethernet   ens160
virbr0    3e0817a7-7bde-4c2a-8da6-4278e33e186e    bridge     virbr0
```

例如，修改 dhcp-2 连接的 DNS 服务器地址首选为 202.202.202.203，备用为 202.202.202.202。

```
[root@localhost network-scripts]# nmcli connection modify dhcp-2 ipv4.dns "202.202.202.203 202.202.202.202"
```

2.网络接口配置文件

对于 Red Hat Enterprise Linux 系统，网络接口配置文件位于 /etc/sysconfig/network-scripts 目录中，名称为 ifcfg-interface-name。配置文件包含了初始化接口所需的大部分详细信息，可用于配置 IP、掩码和网关等。其中 interface-name 将根据网卡的类型和排序而不同，一般其名字为 ens160 和连接名等。在网卡配置文件中，各字段的作用如下所示：

•DEVICE=name　`name 是物理设备名

•IPADDR=addr　`addr 是 IP 地址

•HWADDR=addr　`addr 是物理地址

•NETMASK=mask　`mask 是网络掩码值

•NETWORK=addr　`addr 是网络地址

•BROADCAST=addr　`addr 是广播地址

•GATEWAY=addr　`addr 是网关地址

•ONBOOT=answer　`answer 是 yes（引导时激活设备）或 no（引导时不激活设备）

•USERCTL=answer　`answer 是 yes（非 root 用户可以控制该设备）或 no

•BOOTPROTO=proto　proto 取下列值之一：none，引导时不使用协议，静态设置 IP 地址；static，静态设置 IP 地址；dhcp，使用 DHCP 方式自动获取 IP 地址

　　若希望手工修改网络地址或增加新的网络连接，可以通过修改对应的文件 ifcfg-interface-name 或创建新的文件来实现。

　　初始安装 Red Hat Enterprise Linux 8.4 系统后，在/etc/sysconfig/network-scripts 目录中网卡的命名一般为 ifcfg-ens160 的形式。在 Red Hat Enterprise Linux 6 以前的版本中，网卡是以 eth0、eth1 的方式命名的。

　　网卡命名机制 systemd 对网络设备的命名方式如下。

　　（1）如果 Firmware 或 BIOS 为主板上集成的设备提供的索引信息可用，且可预测，则根据此索引进行命名，如 eno1。

　　（2）如果 Firmware 或 BIOS 为 PCI-E 扩展槽所提供的索引信息可用，且可预测，则根据此索引进行命名，如 ens1。

　　（3）如果硬件接口的物理位置信息可用，则根据此信息进行命名，如 enp2s0。

　　（4）如果用户显式启动，也可根据 MAC 地址进行命名，如 enx2387a1dc56。

　　（5）上述均不可用时，则使用传统命名机制。

　　名称组成格式如下：

　　en：Ethernet 有线局域网

　　wl：wlan 无线局域网

　　ww：wwan 无线广域网

　　名称类型如下：

　　o：集成设备的设备索引号

　　s：扩展槽的索引号

　　x：基于 MAC 地址的命名

　　ps：enp2s1

　　为方便配置，可以通过以下步骤将 Red Hat Enterprise Linux 8.4 的网卡命名方式修改成与以前版本一致。

　　3.网卡改名

　　（1）访问网卡配置文件所在目录，查看有网卡配置文件 ifcfg-ens160。

```
[root@localhost ~]# cd /etc/sysconfig/network-scripts/
[root@localhost network-scripts]# ls
ifcfg-dhcp-1  ifcfg-ens160  ifcfg-static-1
```

（2）将网卡配置文件 ifcfg-ens160 重命名为 ifcfg-eth0。

```
[root@localhost network-scripts]# mv ifcfg-ens160 ifcfg-eth0
[root@localhost network-scripts]# ls
ifcfg-dhcp-1  ifcfg-dhcp-2  ifcfg-eth0  ifcfg-m1
```

（3）修改 grub 来禁用该命名规则。

编辑 grub 配置文件"/etc/sysconfig/grub"，在"GRUB_CMDLINE_LINUX"
变量中添加一句"net.ifnames=0 biosdevname=0"，如下所示：

```
GRUB_TIMEOUT=5
GRUB_DISTRIBUTOR="$(sed 's, release .*$,,g' /etc/system-release)"
GRUB_DEFAULT=saved
GRUB_DISABLE_SUBMENU=true
GRUB_TERMINAL_OUTPUT="console"
GRUB_CMDLINE_LINUX=" rd.lvm.lv=rhel/root crashkernel=auto  rd.lvm.lv=rhel/swap vc
onsole.font=latarcyrheb-sun16 vconsole.keymap=us rhgb quiet net.ifnames=0 biosde
vname=0"
GRUB_DISABLE_RECOVERY="true"
```

（4）重新生成 grub 配置并更新内核参数。

```
[root@localhost sysconfig]# grub2-mkconfig -o /boot/grub2/grb.cfg
Generating grub configuration file ...
done
```

（5）重启系统后查看网卡名称，如下所示，已变为 eth0。

```
[root@localhost sysconfig]# init 6
```

```
[root@localhost ~]# nmcli device status
DEVICE          TYPE        STATE       CONNECTION
eth0            ethernet    已连接       m1
virbr0          bridge      连接（外部）  virbr0
lo              loopback    未托管       --
virbr0-nic      tun         未托管       --
```

例如，通过网络接口配置文件，设置 ftp 服务器所在计算机的 ip 地址为
静态分配 192.168.0.4，子网掩码为 255.255.255.0，默认网关为 192.168.0.254。

（1）通过以下步骤打开网络接口配置文件 ifcfg-eth0。

```
[root@localhost 桌面]# cd /etc/sysconfig/network-scripts/
[root@localhost network-scripts] # vi ifcfg-eth0
```

（2）按照题目要求，对网络接口文件进行如下修改。

```
TYPE=Ethernet
BOOTPROTO=static
DEFROUTE=yes
IPV4_FAILURE_FATAL=no
IPV6INIT=yes
IPV6_AUTOCONF=yes
IPV6_DEFROUTE=yes
IPV6_FAILURE_FATAL=no
NAME=eth0
UUID=06ee2db0-0d2c-4bef-82db-d0b1d1578869
ONBOOT=no
IPADDR0=192.168.0.4
GATEWATY=192.168.0.254
PREFIX0=24
HWADDR=00:0C:29:18:DA:62
DNS1=202.202.202.202
PEERDNS=yes
PEERROUTES=yes
IPV6_PEERDNS=yes
IPV6_PEERROUTES=yes
```

（3）参数配置完毕后，保存文件，启用激活连接 eth0，使得最新设置值可以生效。

```
[root@localhost ~]# nmcli connection up eth0
连接已成功激活（D-Bus 活动路径：/org/freedesktop/NetworkManager/ActiveConnection
/4）
```

（4）使用 ifconfig 命令查看网络设备状况。

```
[root@localhost ~]# ifconfig
eth0: flags=4163<UP,BROADCAST,RUNNING,MULTICAST>  mtu 1500
        inet 192.168.0.4  netmask 255.255.255.0  broadcast 192.168.0.255
        inet6 fe80::20c:29ff:feca:b38e  prefixlen 64  scopeid 0x20<link>
        ether 00:0c:29:ca:b3:8e  txqueuelen 1000  (Ethernet)
        RX packets 0  bytes 0 (0.0 B)
        RX errors 0  dropped 0  overruns 0  frame 0
        TX packets 156  bytes 12125 (11.8 KiB)
        TX errors 0  dropped 0 overruns 0  carrier 0  collisions 0

lo: flags=73<UP,LOOPBACK,RUNNING>  mtu 65536
        inet 127.0.0.1  netmask 255.0.0.0
```

4./etc/hosts 配置文件

在局域网或万维网中，每台主机都有一个 IP 地址，以此区分每台主机，并可以根据 IP 地址进行通信。但是 IP 地址不符合人脑的记忆规律，因此出现了域名方便人们的记忆，例如 www.baidu.com。而域名与 IP 地址之间的映射关系在 Internet 上是通过域名服务器完成解析的。

/etc/hosts 文件是 Linux 系统中一个负责 IP 地址与主机名快速解析的文件。hosts 文件的作用相当于 DNS，提供 IP 地址与主机名 hostname 的对应。早期的互联网计算机少，单机 hosts 文件里足够存放所有联网计算机的 IP 地址与主机名对应信息。不过随着互联网的发展，这已经远远不够了，于是就出现了分布式的 DNS 系统，由 DNS 服务器来提供类似的 IP 地址到域名的对应。Linux 系统在向 DNS 服务器发出域名解析请求之前会查询/etc/hosts 文件，如果里面有相应的记录，就会使用 hosts 里面的记录。可见，/etc/hosts 对于设置主机名 hostname 是没有直接关系的，仅仅当你要在本机上用新的 hostname 来映射自己 IP 的时候才会用到/etc/hosts 文件，两者没有必然的联系。

至于主机名（hostname）和域名（domain）的区别在于主机名通常在局域网内使用，通过 hosts 文件，主机名就被解析到对应 IP；域名通常在 Internet 上使用，但如果本机不想使用 Internet 上的域名解析，这时就可以更改 hosts 文件，加入自己的域名解析。主机名的修改可以通过命令 hostname 实现。

例如，通过/etc/hosts 文件设置主机名与 IP 地址之间的对应关系：FTP 服务器名为 ftp.amy.com，IP 地址为 192.168.0.4，具体操作参看如下的/etc/hosts 文件内容。

```
127.0.0.1    localhost localhost.localdomain localhost4 localhost4.localdomain4
::1          localhost localhost.localdomain localhost6 localhost6.localdomain6
192.168.0.4 ftp.amy.com
```

一般情况下 hosts 文件的每行代表一个主机，每行由三部分组成，每两个部分间由空格隔开，所代表的含义分别如下。

第一部分：网络 IP 地址。

第二部分：主机名或域名。

第三部分：主机名别名。

当然每行也可以是两部分，即主机 IP 地址和主机名。

5./etc/resolv.conf 配置文件

/etc/resolv.conf，它是 DNS 客户机配置文件，用于设置 DNS 服务器的 IP 地址及 DNS 域名，还包含了主机的域名搜索顺序。它的格式很简单，每行以一个关键字开头，后接一个或多个由空格隔开的参数。

resolv.conf 的关键字如下所示。

nameserver：定义 DNS 服务器的 IP 地址，可以有很多行的 nameserver，每一行带一个 IP 地址。在查询时就按 nameserver 在本文件中的顺序进行，且只有当第一个 nameserver 没有反应时才查询下面的 nameserver。

　　domain：声明主机的域名。有很多程序需要用到它，如邮件系统；当为没有域名的主机进行 DNS 查询时，也要用到。如果没有域名，主机名将被使用，删除所有在第一个点（.）前面的内容。

　　search：它的多个参数指明域名查询顺序。当要查询没有域名的主机时，主机将在由 search 声明的域中分别查找。例如，"search amy.com"表示当提供了一个不包括完全域名的主机名时，在该主机名后添加 amy.com 的后缀；domain 和 search 不能共存，如果同时存在，后面出现的将会被使用。

　　下面我们给出一个 resolv.conf 的例子：

Search amy.com

nameserver 192.168.0.1

nameserver 192.168.0.10

　　由上可知，这个 DNS 客户机将在 amy.com 域中查找没有域名的主机，主域名服务器地址为 192.168.0.1，备用域名服务器地址为 192.168.0.10。

7.1.3 图形化界面网络管理

　　Linux 操作系统中的网络配置也可以通过图形界面实现，"活动"—"显示应用程序"—"设置"，打开设置界面，可看到"网络"按钮，如图 7-1 所示。

图7-1　设置界面

选中"网络",在右侧网络设置窗口中选中要修改或者设置的网络连接名称,单击"+"按钮添加新的网络连接,设置新的 IP 地址。如图 7-2 所示,在"有线"选项,可看到正在使用的连接 eth0 及对应的 IP 地址。在此界面,可单击右上角的"+"按钮,增加新的连接。

图7-2 网络设置界面

如需更改连接参数,单击连接右边的 按钮,在弹出连接的设置界面,如图 7-3 所示,有详细信息、身份、IPv4、IPv6、安全这五个选项,在 IPv4 选项页时可设置地址获取方式、DNS 等信息。

图7-3 连接界面

7.2　网络管理工具

7.2.1 网络配置命令 ifconfig

ifconfig 是一个用来查看、配置、启用或禁用网络接口的工具，这个工具极为常用，可以用来临时性地配置网卡的 IP 地址、掩码、广播地址、网关等。

ifconfig 查看网络接口状态，如图 7-4 所示，可看到 eth0 网络接口上配置的 IP 地址为 192.168.0.4，物理地址（MAC 地址）为 00-0c-29-ca-b3-8e，广播地址为 192.168.0.255，掩码为 255.255.255.0，本地回环拉口 lo 的 IP 地址为 127.0.0.1。

```
[root@localhost ~]# ifconfig
eth0: flags=4163<UP,BROADCAST,RUNNING,MULTICAST>  mtu 1500
        inet 192.168.0.4  netmask 255.255.255.0  broadcast 192.168.0.255
        inet6 fe80::20c:29ff:feca:b38e  prefixlen 64  scopeid 0x20<link>
        ether 00:0c:29:ca:b3:8e  txqueuelen 1000  (Ethernet)
        RX packets 23  bytes 2167 (2.1 KiB)
        RX errors 0  dropped 0  overruns 0  frame 0
        TX packets 270  bytes 20331 (19.8 KiB)
        TX errors 0  dropped 0 overruns 0  carrier 0  collisions 0

lo: flags=73<UP,LOOPBACK,RUNNING>  mtu 65536
        inet 127.0.0.1  netmask 255.0.0.0
        inet6 ::1  prefixlen 128  scopeid 0x10<host>
        loop  txqueuelen 1000  (Local Loopback)
        RX packets 136  bytes 13406 (13.0 KiB)
        RX errors 0  dropped 0  overruns 0  frame 0
        TX packets 136  bytes 13406 (13.0 KiB)
        TX errors 0  dropped 0 overruns 0  carrier 0  collisions 0

virbr0: flags=4099<UP,BROADCAST,MULTICAST>  mtu 1500
        inet 192.168.122.1  netmask 255.255.255.0  broadcast 192.168.122.255
        ether 52:54:00:a4:c5:fd  txqueuelen 1000  (Ethernet)
        RX packets 0  bytes 0 (0.0 B)
        RX errors 0  dropped 0  overruns 0  frame 0
        TX packets 0  bytes 0 (0.0 B)
        TX errors 0  dropped 0 overruns 0  carrier 0  collisions 0
```

图 7-4

本地回环接口主要用来测试网络，它代表设备的本地虚拟接口，所以默认被看作是永远不会宕掉的接口，一般都会被用来检查本地网络协议、基本数据接口等是否正常等。比如把 Httpd 服务器指定到回坏地址，在浏览器中输入 127.0.0.1 就能看到所架构的 Web 网站了。但只有本机用户能看得到，局域网中的其他主机或用户无从知道。

ifconfig 可以用来配置网络接口的 IP 地址、掩码、网关、物理地址等；但是用 ifconfig 为网卡配置 IP 地址，并不会更改系统关于网卡的配置文件。

用 ifconfig 工具配置网络接口时最常用的参数如图 7-5 所示。

ifconfig 网络端口 IP 地址：hw；MAC 地址：netmask；掩码地址：broadcast；广播地址：[up/down]。

例如，通过 ifconfig 命令配置 dns 服务器的 IP 地址为 192.168.0.1，子网掩码为 255.255.255.0。

```
[root@localhost ~]# ifconfig eth0 192.168.0.1/24
[root@localhost ~]# ifconfig
eth0: flags=4163<UP,BROADCAST,RUNNING,MULTICAST>  mtu 1500
        inet 192.168.0.1  netmask 255.255.255.0  broadcast 192.168.0.255
        inet6 fe80::20c:29ff:feca:b38e  prefixlen 64  scopeid 0x20<link>
        ether 00:0c:29:ca:b3:8e  txqueuelen 1000  (Ethernet)
        RX packets 23  bytes 2167 (2.1 KiB)
        RX errors 0  dropped 0  overruns 0  frame 0
        TX packets 285  bytes 22753 (22.2 KiB)
        TX errors 0  dropped 0 overruns 0  carrier 0  collisions 0

lo: flags=73<UP,LOOPBACK,RUNNING>  mtu 65536
        inet 127.0.0.1  netmask 255.0.0.0
        inet6 ::1  prefixlen 128  scopeid 0x10<host>
        loop  txqueuelen 1000  (Local Loopback)
        RX packets 136  bytes 13406 (13.0 KiB)
        RX errors 0  dropped 0  overruns 0  frame 0
        TX packets 136  bytes 13406 (13.0 KiB)
        TX errors 0  dropped 0 overruns 0  carrier 0  collisions 0
```

图 7-5

使用 ifconfig 命令激活和终止网络接口时，在 ifconfig 后面接网络接口，然后加上 down 或 up 参数，就可以禁止或激活相应的网络接口。down 表示禁止网络接口，up 表示激活网络接口，如图 7-6、图 7-7 所示。

```
[root@localhost ~]# ifconfig eth0 down
[root@localhost ~]# ifconfig
lo: flags=73<UP,LOOPBACK,RUNNING>  mtu 65536
        inet 127.0.0.1  netmask 255.0.0.0
        inet6 ::1  prefixlen 128  scopeid 0x10<host>
        loop  txqueuelen 1000  (Local Loopback)
        RX packets 136  bytes 13406 (13.0 KiB)
        RX errors 0  dropped 0  overruns 0  frame 0
        TX packets 136  bytes 13406 (13.0 KiB)
        TX errors 0  dropped 0 overruns 0  carrier 0  collisions 0

virbr0: flags=4099<UP,BROADCAST,MULTICAST>  mtu 1500
        inet 192.168.122.1  netmask 255.255.255.0  broadcast 192.168.122.255
        ether 52:54:00:a4:c5:fd  txqueuelen 1000  (Ethernet)
        RX packets 0  bytes 0 (0.0 B)
        RX errors 0  dropped 0  overruns 0  frame 0
        TX packets 0  bytes 0 (0.0 B)
        TX errors 0  dropped 0 overruns 0  carrier 0  collisions 0
```

图 7-6

```
[root@localhost ~]# ifconfig eth0 up
[root@localhost ~]# ifconfig
eth0: flags=4163<UP,BROADCAST,RUNNING,MULTICAST>  mtu 1500
        inet 192.168.0.1  netmask 255.255.255.0  broadcast 192.168.0.255
        ether 00:0c:29:ca:b3:8e  txqueuelen 1000  (Ethernet)
        RX packets 0  bytes 0 (0.0 B)
        RX errors 0  dropped 0  overruns 0  frame 0
        TX packets 9  bytes 1093 (1.0 KiB)
        TX errors 0  dropped 0 overruns 0  carrier 0  collisions 0

lo: flags=73<UP,LOOPBACK,RUNNING>  mtu 65536
        inet 127.0.0.1  netmask 255.0.0.0
        inet6 ::1  prefixlen 128  scopeid 0x10<host>
        loop  txqueuelen 1000  (Local Loopback)
        RX packets 136  bytes 13406 (13.0 KiB)
        RX errors 0  dropped 0  overruns 0  frame 0
        TX packets 136  bytes 13406 (13.0 KiB)
        TX errors 0  dropped 0 overruns 0  carrier 0  collisions 0
```

图 7-7

有时，为了满足不同的需求还要配置虚拟网络接口，比如在同一台机器上用不同的 IP 地址来架设运行多个 httpd 服务器，就要用到虚拟地址。

7.2.2 网格检测命令 ping

Linux 系统的 ping 命令是常用的网络命令，它通常用来测试与目标主机的连通性。它通过发送 ICMP 用的网络命令，来测试与网络主机是否连接，来确定目标主机是否可访问（但这不是绝对的）。有些服务器为了防止通过 ping 被探测到，所以通过防火墙设置了禁止 ping 或者在内核参数中禁止 ping，这样别的计算机就不能通过 ping 确定该主机是否还处于开启状态了。

Linux 下的 ping 和 Windows 下的 ping 稍有区别，Linux 下的 ping 不会自动终止，需要按 Ctrl+C 终止或者用参数-c 指定要求完成的回应次数。

命令格式：ping [参数] [主机名或 IP 地址]

ping 命令的常用可选参数如下所示。

-c 数目：在发送指定数目的包后停止。

-i 秒数：设定间隔几秒发送一个网络封包给一台机器，预设值是一秒送一次。

-s 字节数：指定发送的数据字节数，预设值是 56，加上 8 字节的 ICMP 头，一共是 64ICMP 数据字节。

-t 存活数值：设置存活数值 TTL 的大小。

7.2.3 查看网络状态信息命令 netstat

netstat 是一个用来监控 TCP/IP 网络的非常有用的工具，它可以显示路由表、实际的网络连接以及每一个网络接口设备的状态信息。netstat 用于显示与 IP、TCP、UDP 和 ICMP 协议相关的统计数据，一般用于检验本机各端口的网络连接情况。

命令格式：netstat [参数]

netstat 命令的常用可选参数如下所示。

-a（all）：显示所有连线中的 socket，默认不显示 LISTEN 相关。

-t（tcp）：仅显示 tcp 相关选项。

-u（udp）：仅显示 udp 相关选项。

-n：拒绝显示别名，能显示数字的全部转化成数字。

-l：仅列出在 Listen（监听）时的服务状态。

-p：显示建立相关链接的程序名。

-r：显示路由信息，路由表。

-e：显示扩展信息，例如 uid 等。

-s：按各个协议进行统计。

-c：每隔一个固定时间执行该 netstat 命令。

例如，列出所有端口并分屏显示（图 7-8）：

```
[root@localhost ~]# netstat -a |more
Active Internet connections (servers and established)
Proto Recv-Q Send-Q Local Address           Foreign Address         State
tcp        0      0 0.0.0.0:sunrpc          0.0.0.0:*               LISTEN
tcp        0      0 localhost.locald:domain 0.0.0.0:*               LISTEN
tcp        0      0 0.0.0.0:ssh             0.0.0.0:*               LISTEN
tcp        0      0 localhost:ipp           0.0.0.0:*               LISTEN
tcp6       0      0 [::]:sunrpc             [::]:*                  LISTEN
tcp6       0      0 [::]:ssh                [::]:*                  LISTEN
tcp6       0      0 localhost:ipp           [::]:*                  LISTEN
udp        0      0 localhost:323           0.0.0.0:*
udp        0      0 0.0.0.0:44536           0.0.0.0:*
udp        0      0 localhost.locald:domain 0.0.0.0:*
udp        0      0 0.0.0.0:bootps          0.0.0.0:*
udp        0      0 0.0.0.0:sunrpc          0.0.0.0:*
udp        0      0 0.0.0.0:mdns            0.0.0.0:*
udp6       0      0 localhost:323           [::]:*
udp6       0      0 [::]:41982              [::]:*
udp6       0      0 [::]:sunrpc             [::]:*
udp6       0      0 [::]:mdns               [::]:*
raw6       0      0 [::]:ipv6-icmp          [::]:*                  7
Active UNIX domain sockets (servers and established)
Proto RefCnt Flags       Type       State         I-Node   Path
unix  2      [ ACC ]     STREAM     LISTENING     28173    /var/run/lsm/ipc/simc
unix  2      [ ACC ]     STREAM     LISTENING     28175    /var/run/lsm/ipc/sim
unix  2      [ ACC ]     STREAM     LISTENING     23157    @/org/kernel/linux/storage/multi
```

图 7-8

7.2.4 设置路由表命令 route

Linux 系统的 route 命令用于显示和操作 IP 路由表。要实现两个不同的子网之间的通信，需要一台连接两个网络的路由器，或者同时位于两个网络的网关来实现。在 Linux 系统中，设置路由通常是为了解决以下问题：该 Linux 系统在一个局域网中，局域网中有一个网关，能够让机器访问 Internet，那么就需要将这台机器的 IP 地址设置为 Linux 机器的默认路由。要注意的是，直接在命令行下执行 route 命令来添加路由不会永久保存，当网卡重启或者机器重启之后，该路由就失效了。

命令格式：

route [-f] [-p] [Command [Destination] [mask Netmask] [Gateway]

route 命令的常用可选参数如下所示。

-c：显示更多信息。

-n：不解析名字。

-v：显示详细的处理信息。

-F：显示发送信息。

-C：显示路由缓存。

-f：清除所有网关入口的路由表。

-p：与 add 命令一起使用时使路由具有永久性。

add：添加一条新路由。

del：删除一条路由。

-net：目标地址是一个网络。

-host：目标地址是一个主机。

netmask：当添加一个网络路由时，需要使用网络掩码。

gw：路由数据包通过网关。注意，你指定的网关必须能够达到。

例如，显示当前路由如图 7-9 所示。

```
[root@localhost 桌面]# route -n
Kernel IP routing table
Destination     Gateway         Genmask         Flags Metric Ref    Use Iface
0.0.0.0         192.168.15.2    0.0.0.0         UG    1024   0        0 eth0
192.168.0.0     0.0.0.0         255.255.255.0   U     0      0        0 eth0
192.168.15.2    0.0.0.0         255.255.255.255 UH    1024   0        0 eth0
```

图 7-9

由以上命令执行后的显示，可知主机现在的网关为 192.168.15.2，若数据传送目标是在本局域网内通信，则可直接通过 eth0 转发数据包。

其中 Flags 为路由标志，标记当前网络节点的状态。

Flags 标志的常用参数说明如下。

U：Up 表示此路由当前为启动状态。

H：Host，表示此网关为一主机。

G：Gateway，表示此网关为一路由器。

R：Reinstate ，使用动态路由重新初始化的路由。

D：Dynamically，此路由是动态性地写入。

M：Modified，此路由是由路由守护程序或导向器动态修改。

!：表示此路由当前为关闭状态。

例如，添加和删除默认网关为 192.168.0.254 的操作如图 7-10 所示：

```
[root@localhost 桌面]# route add default gw 192.168.0.254
[root@localhost 桌面]# route -n
Kernel IP routing table
Destination     Gateway         Genmask         Flags Metric Ref    Use Iface
0.0.0.0         192.168.0.254   0.0.0.0         UG    0      0        0 eth0
0.0.0.0         192.168.15.2    0.0.0.0         UG    1024   0        0 eth0
192.168.0.0     0.0.0.0         255.255.255.0   U     0      0        0 eth0
192.168.15.0    0.0.0.0         255.255.255.0   U     0      0        0 eth0
[root@localhost 桌面]# route del default gw 192.168.0.254
[root@localhost 桌面]# route -n
Kernel IP routing table
Destination     Gateway         Genmask         Flags Metric Ref    Use Iface
0.0.0.0         192.168.15.2    0.0.0.0         UG    1024   0        0 eth0
192.168.0.0     0.0.0.0         255.255.255.0   U     0      0        0 eth0
192.168.15.0    0.0.0.0         255.255.255.0   U     0      0        0 eth0
```

图 7-10

7.3　项目实训

实训任务

根据本章项目要求，需要对网络进行管理，配置 Apache 服务器 TCP/IP 参数。

实训目的

通过本节操作，掌握 Red Hat Enterprise Linux 8.4 中网络的基本配置操作。

实训步骤

STEP 1 使用三种方法配置 Apache 服务器的 IP 地址为 192.168.0.2，子网掩码为 255.255.255.0，网关为 192.168.0.254。

（1）使用 ifconfig 命令临时给 ens160 网卡设置 IP 地址

#ifconfig eth0 192.168.0.2 netmask 255.255.255.0 up

#route add default gw 192.168.0.254

（2）使用 nmcli 命令新建一个 Apache-1 连接，然后激活查看 IP 地址

[root@localhost yum.repos.d]#nmcli connection add con-name Apache-1 ifname eth0 type ethernet ip4 192.168.0.2 gw4 192.168.0.254

[root@localhost yum.repos.d]# nmcli connection up Apache-2

连接已成功激活（D-Bus 活动路径：/org/freedesktop/NetworkManager/ActiveConnection/11）

[root@localhost yum.repos.d]#ifconfig

eth0: flags=4163<UP,BROADCAST,RUNNING,MULTICAST> mtu 1500

　　　inet 192.168.0.2 netmask 255.255.255.255 broadcast 0.0.0.0

　　　inet6 fe80::8db8:7f5c:3996:34fe prefixlen 64 scopeid 0x20<link>

　　　ether 00:0c:29:ca:b3:8e txqueuelen 1000 （Ethernet）

　　　RX packets 1350 bytes 144106 （140.7 KiB）

　　　RX errors 0 dropped 0 overruns 0 frame 0

　　　TX packets 874 bytes 82132 （80.2 KiB）

　　　TX errors 0 dropped 0 overruns 0 carrier 0 collisions 0

eth1: flags=4163<UP,BROADCAST,RUNNING,MULTICAST> mtu 1500

　　　inet 192.168.10.100 netmask 255.255.255.0 broadcast 192.168.10.255

（3）修改网卡配置文件设置 IP 地址

[root@localhost yum.repos.d]#cd /etc/sysconfig/network-scripts/

[root@localhost network-scripts]#ls

ifcfg-Apache-1 ifcfg-Apache-2 ifcfg-dhcp-1 ifcfg-dhcp-2 ifcfg-eth0 ifcfg-m1

[root@localhost network-scripts]#vi ifcfg-Apache-1

[root@localhost network-scripts]#cat ifcfg-Apache-1

TYPE=Ethernet

PROXY_METHOD=none

BROWSER_ONLY=no

BOOTPROTO=none

IPADDR=192.168.0.2

PREFIX=32

GATEWAY=192.168.0.254

DEFROUTE=yes

IPV4_FAILURE_FATAL=no

IPV6INIT=yes

IPV6_AUTOCONF=yes

IPV6_DEFROUTE=yes

IPV6_FAILURE_FATAL=no

IPV6_ADDR_GEN_MODE=stable-privacy

NAME=Apache-1

UUID=0723babd-38d4-4baf-8098-a0b046740aa0

DEVICE=ens160

ONBOOT=yes

STEP 2] 通过修改/etc/resolv.conf 文件配置 DNS 服务器地址，以解析域名与 IP 之间的关系。

[root@localhost~]#vi /etc/resolv.conf

search amy.com

nameserver 192.168.0.1

项目八　配置资源共享服务器

项目案例

案例 1：

总公司需要架设一台 FTP 服务器，服务器的属性如下：

（1）本地用户 xx1 和 xx2 具有访问 FTP 服务器的权限，其他用户没有权限访问 FTP 服务器；

（2）所有访问 FTP 服务器的本地用户都锁定在家目录中；

（3）设置匿名用户具有上传、下载和创建目录的权限，网络拓扑图如图 8-1 所示。

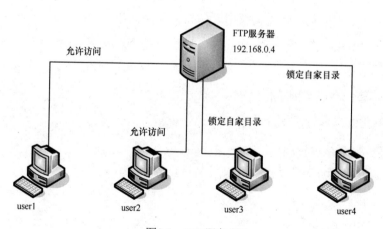

图8-1　FTP服务器

案例 2：

总公司局域网中的主机主要由 Linux 主机和 Windows 主机组成，通过 Samba 服务器（192.168.0.5）实现 Linux 主机之间的资源共享。目前公司正在进行一个开发项目，开发人员由使用 Linux 主机和 Windows 主机的用户组成，所以需要配置一台文件服务器满足不同操作系统之间共享资源的需求。局域网所在网络地址为 192.168.0.0/24，Samba（文件服务器）IP 地址是192.168.0.5，网络拓扑图如图 8-2 所示。

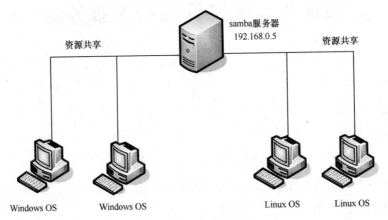

图8-2　Samba服务器

项目任务

- Linux 系统下 vsftpd 服务器的配置方法及 FTP 客户端工具的使用；
- 配置实现匿名用户可以使用上传和下载的功能；
- 配置 Linux 操作系统与 Windows 操作系统资源共享。

项目目标

- 掌握 FTP 服务的工作过程；
- 熟悉配置和管理 FTP 服务器；
- 掌握 SMB 协议；
- 掌握 Samba 服务实现 Linux 与 Windows 的通信。

8.1　FTP 概述

8.1.1 FTP 服务工作原理

FTP（File Transfer Protocol，文件传输协议）是局域网和广域网中的协议，应用于 TCP 协议中，主要是用于从一台主机向网络中另外一台主机传送文件的协议，FTP 服务器 21 号端口是用来建立连接的，20 号端口是用来与客户机指定端口之间建立数据连接的。

FTP 客户端计算机请求的过程：

（1）客户端向服务器发出连接请求，同时客户端系统动态地打开一个大于 1024 的端口等候服务器连接（比如 1031 端口）；

（2）若 FTP 服务器在端口 21 侦听到该请求，则会在客户端 1031 端口和服务器之间建立起一个 FTP 会话连接；

（3）当需要数据传输时，FTP 客户端再动态地打开一个大于 1024 的端口（比如 1032 端口）连接到服务器的 20 端口，并在这两个之间进行数据的传输。当数据传完后，这两个端口会自动关闭；

（4）当 FTP 客户端断开与 FTP 服务器的连接时，客户端将自动释放与服务器的连接。

8.1.2 FTP 命令

ls：远程显示 FTP 服务器目录文件和子目录列表。

格式：ls [选项]

其中选项可以是如下 3 个。

-1：表示用长格式形式查看。

-a：表示显示隐藏文件。

-A：表示显示隐藏文件和通配符。

cd：切换 FTP 远程服务器目录。

lcd：更改本地计算机上的工作目录。默认情况下，工作目录是启动 ftp 的目录。

格式：lcd 本地目录

get：将远程 FTP 服务器上的文件下载至本地计算机。

格式：get 文件名。

put：将本地文件上传至远程 FTP 服务器。

格式：put 本地文件名。

在客户端主机访问 FTP 服务器时，命令行中会出现一些数字提示，分别表示的含义如表 8-1 所示。

表 8-1 FTP 数字提示含义

数字	含义	数字	含义
125	打开数据连接，传输开始	230	用户登录成功
200	命令被接受	331	用户名被接受，需要密码
211	系统状态，或者系统返回的帮助	421	服务不可用
212	目录状态	425	不能打开数据连接
213	文件状态	426	连接关闭，传输失败
214	帮助信息	452	写文件出错
220	服务就绪	500	语法错误，不可识别的命令
221	控制连接关闭	501	命令参数错误
225	打开数据连接，当前没有传输进程	502	命令不能执行
226	关闭数据连接	503	命令顺序错误
227	进入被动传输状态	530	登录不成功

8.2　配置和管理 FTP 服务器

在 Linux 环境中配置一台 FTP 服务器，主要完成 vsftpd 包的安装、主配置文件的编辑和服务器的开启。

8.2.1 安装 vsftpd 软件包

vsftpd-3.0.3-33.el8.x86_64.rpm 是配置 FTP 服务器的软件包，使用 rpm 安装软件包，命令如下所示：

[root@localhost~]#rpm –ivh /mnt/cdrom/Packages/vsftpd-3.0.3-33.el8.x86_64.rpm

8.2.2 配置 FTP 服务器

配置 vsftp 服务器，需对一些文件进行设置和修改来完成。vsftpd 服务相关的配置文件包括以下 3 个：

（1）/etc/vsftpd.conf：vsftpd 服务器的主配置文件。

（2）/etc/vsftpd/ftpusers：禁止访问 FTP 的用户列表，在该文件中列出的用户清单将不能访问 FTP 服务器，不受任何配置项影响，我们可以把它看成绝对黑名单。FTP 协议是明文传输，不对数据包加密，出于安全考虑系统超级管理用户 root 也在文件中。

（3）/etc/vsftpd/user_list：它与/etc/vsftpd/vsftpd.conf 配置文件中的配置命令 userlist_enable 和 userlist_deny 相关。当"userlist_enable"和"userlist_deny"取值都为 YES，在该文件中列出的用户不能访问 FTP 服务器；当"userlist_enable"的值为 YES，而"userlist_deny"的值为 NO 时，则代表在/etc/vsftpd/user_list 文件中的用户才有权限访问 FTP 服务器。所以，此文件中用户列表有时候是黑名单，有时又是白名单。

1．FTP 主配置文件

配置 FTP 服务器，主要完成主配置文件/etc/vsftpd/vsftpd.conf 下面对文件中重要参数进行注释说明。

[root@localhost ~]#vi /etc/vsftpd/vsftpd.conf

anonymous_enable=YES

local_enable=YES

write_enable=YES

anon_upload_enable=YES

anon_mkdir_write_enable=YES

anonymous_enable 设置 FTP 的匿名用户是否可以登录 FTP 服务器；

local_enable 设置是否允许本地用户登录 FTP 服务器；

write_enable 为全局性设置，设置登录用户是否具有写权限；

anon_upload_enable 设置匿名用户是否可以上传文件，该配置项只有在 write_enable=yes 时才生效；

anon_mkdir_write_enable 设置匿名用户是否可以创建目录，该配置项只有在 write_enable=yes 时才生效。

2．应用示例

（1）设置匿名用户具有上传、下载和创建目录的权限。

第一步，编辑主配置文件 vsftpd.conf，允许匿名用户登录并享有新建、下载、上传等权限。

[root@localhost ~]# vi /etc/vsftpd/vsftpd.conf

anonymous_enable=YES

anon_upload_enable=YES

anon_mkdir_write_enable=YES

第二步，检查匿名账户默认目录/var/ftp/pub 权限的设置，并修改该目录所有者为匿名登录用户名 ftp。

[root@localhost ~]# ls -l /var/ftp

总用量 0

drwxr-xr-x. 2 root root 6 11 月 12 2020 pub

[root@localhost ~]# chown ftp /var/ftp/pub

[root@localhost ~]# ls -l /var/ftp

总用量 0

drwxr-xr-x. 2 ftp root 6 11 月 12 2020 pub

第三步，启动 vsftpd 服务，命令如下：

[root@localhost ~]# systemctl start vsftpd.service

第四步，开启一台 Windows 操作系统的客户机进行测试。将 IP 地址设置与 vsftpd 服务器的 IP 地址在同一网段，如图 8-3 所示。

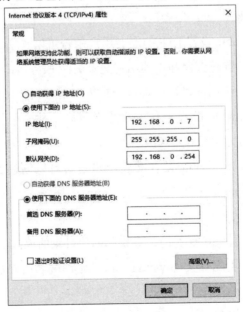

图 8-3　客户机的 IP 地址

第五步，将本地计算机的 xyx.txt 文件上传到 FTP 服务器，如图 8-4 中的 "put xyx.txt" 命令所示；将 FTP 服务器上的文件 landy 下载到本地计算机，如图 8-5 中的 "get landy" 命令所示，下载到本地后的文件名为 "landy"，如果没有指定下载路径，下载的文件可在输入 ftp 登录命令的当前目录中查看，如图 8-4 中是在 C:\Users\star 目录中登录 ftp 服务器，则下载的文件在 C:\Users\star 目录中，如图 8-4 所示。

```
C:\Users\star>ftp 192.168.0.4
连接到 192.168.0.4。
220 (vsFTPd 3.0.3)
200 Always in UTF8 mode.
用户(192.168.0.4:(none)): ftp
331 Please specify the password.
密码：
230 Login successful.
ftp> ls
200 PORT command successful. Consider using PASV.
150 Here comes the directory listing.
pub
226 Directory send OK.
ftp: 收到 8 字节，用时 0.00秒 8.00千字节/秒。
ftp> cd pub
250 Directory successfully changed.
ftp> ls
200 PORT command successful. Consider using PASV.
150 Here comes the directory listing.
landy
226 Directory send OK.
ftp: 收到 10 字节，用时 0.00秒 5.00千字节/秒。
ftp> put xyx.txt
200 PORT command successful. Consider using PASV.
150 Ok to send data.
226 Transfer complete.
ftp> ls
200 PORT command successful. Consider using PASV.
150 Here comes the directory listing.
landy
xyx.txt
226 Directory send OK.
ftp: 收到 19 字节，用时 0.00秒 19000.00千字节/秒。
ftp>
```

图8-4　上传文件

```
ftp> get landy
200 PORT command successful. Consider using PASV.
150 Opening BINARY mode data connection for landy (0 bytes).
226 Transfer complete.
```

图8-5　下载文件

```
C:\Users\star>ftp 192.168.0.4
连接到 192.168.0.4。
220 (vsFTPd 3.0.3)
200 Always in UTF8 mode.
用户(192.168.0.4:(none)): ftp
331 Please specify the password.
密码: ■
230 Login successful.
ftp> ls
200 PORT command successful. Consider using PASV.
150 Here comes the directory listing.
pub
226 Directory send OK.
ftp: 收到 8 字节, 用时 0.00秒 8000.00千字节/秒。
ftp> cd pub
250 Directory successfully changed.
ftp> mkdir 123
257 "/pub/123" created
ftp> ls
200 PORT command successful. Consider using PASV.
150 Here comes the directory listing.
123
1andy
xyx.txt
226 Directory send OK.
ftp: 收到 24 字节, 用时 0.00秒 12.00千字节/秒。
```

图8-7 下载文件

（2）设置 user_list 名单生效，只有名单内用户可以访问 FTP 服务器，其他用户都不可以。

第一步，使用 vi 编辑器打开 vsftpd 的主配置文件 vsftpd.conf 和用户列表 user_list 文件，编辑主配置文件，命令如下：

[root@localhost ~]# vi /etc/vsftpd/vsftpd.conf

local_enable=YES

userlist_enable=YES

userlist_deny=NO

userlist_file=/etc/vsftpd/user_list

编辑用户文件，将 xx1 加入到用户列表文件。

[root@localhost ~]#vi /etc/vsftpd/user_list

xx1

第二步，设置 vsftpd 服务器的 IP 地址为 192.168.0.4，如图 8-8 所示。

162

图8-8　vsftpd服务器的IP地址

第三步，在 FTP 服务器上添加用户 xx1 和 xx2 并设置它们的密码，命令如下：

[root@localhost ~]# useradd xx1

[root@localhost ~]# passwd xx1

[root@localhost ~]# useradd xx2

[root@localhost ~]# passwd xx2

第四步，开启另外一台客户端主机 Linux，设置 IP 地址，如图 8-9 所示，然后使用 ping 命令检查客户端主机与 FTP 服务器的连通性。

图8-9　客户端Linux IP地址

[root@localhost ~]# ping -c 3 192.168.0.4

PING 192.168.0.4 （192.168.0.4） 56（84） bytes of data.

64 bytes from 192.168.0.4: icmp_seq=1 ttl=64 time=0.357 ms

第五步，测试。

①使用用户 xx1 登录 FTP 服务器，xx1 存在于 user_list 用户列表中，因此可以登录访问 FTP 服务器。

[root@localhost ~]# ftp 192.168.0.4

Connected to 192.168.0.4 （192.168.0.4）.

220 （vsFTPd 3.0.3）

Name （192.168.0.4:root）: xx1

331 Please specify the password.

Password:

230 Login successful.

Remote system type is UNIX.

Using binary mode to transfer files.

ftp> pwd

257 "/home/xx1" is the current directory

② 使用 xx2 用户登录 FTP 服务器，xx2 不存在于 user_list 用户列表中，因此被 FTP 服务器拒绝登录访问。

[root@localhost ~]# ftp 192.168.0.4

Connected to 192.168.0.4 （192.168.0.4）.

220 （vsFTPd 3.0.3）

Name （192.168.0.4:root）: xx2

530 Permission denied.

Login failed.

8.3 配置 Linux 与 Windows 资源共享

8.3.1 SMB 协议

不同操作系统间在共享文件和打印机时需要使用 SMB（Server Message Block）协议实现。Samba 服务器通过 SMB 协议实现了在不同系统间，如 Linux 和 Windows 之间以及 Linux 与 Linux 之间共享文件和打印机。

8.3.2 Samba 服务安装、启动与停止

Samba 服务软件是一款基于 SMB 协议并由服务端和客户端组成的开源文件共享软件，实现了 Linux 和 windows 系统间的文件共享。组成 Samba 运行的有两个服务，SMB 和 NMB。SMB 是 Samba 的核心启动服务，主要负责建立 Linux Samba 服务器与 Samba 客户机之间的对话，验证用户身份并提供对文件和打印系统的访问。SMB 监听 139 和 445 TCP 端口，只有 SMB 服务启动才能实现文件的共享。NMB 服务监听 137 和 138 UDP 端口，负责名称解析的服务，提供 NetBIOS 名称服务和浏览支持，帮助 SMB 客户定位服务器，处理所有基于 UDP 的协议。

现在需要在 Samba 服务器中实现 sales 组成员共享/dir1 目录的服务功能。

1.Samba 服务安装所需要的软件包

Samba 服务相关的软件包有以下 3 个。

（1）samba-4.13.3-3.el8.x86_64.rpm：Samba 服务端软件。

（2）samba-client-4.13.3-3.el8.x86_64.rpm：Samba 客户端软件。

（3）samba-common-4.13.3-3.el8.noarch.rpm：包括 Samba 服务器和客户端均需要的文件。

2.安装软件包

（1）使用 ls 命令列出带有 Samba 字符串的 rpm 包，例如：

[root@localhost ~]# ls /mnt/cdrom/BaseOS/Packages/ | grep samba

python3-samba-4.13.3-3.el8.i686.rpm

python3-samba-4.13.3-3.el8.x86_64.rpm

python3-samba-test-4.13.3-3.el8.x86_64.rpm

samba-4.13.3-3.el8.x86_64.rpm

…

（2）使用 rpm 安装 Samba 服务端 rpm 包，例如：

[root@localhost Packages]#rpm -ivh --nodeps samba-4.13.3-3.el8.x86_64.rpm

或者使用 yum 命令安装 Samba 包，当在安装一些软件包的时候，如果有些软件包有依赖关系，可以使用 yum 命令来完成包的一次性安装，例如：

[root@localhost ~]# yum install samba -y

3.开启 SMB 服务

安装完成软件包后，开启 SMB、NMB 服务，例如：

[root@localhost ~]# systemctl start smb.service

[root@localhost ~]# systemctl start nmb.service

4.创建 Samba 用户

在 Linux 服务器上新建一个共享目录/dir1，使得用户组 sales 能够共享访问。

（1）新建共享目录/dir1，可在该目录下新建文件 test 方便测试，例如：

[root@localhost ~]# mkdir /dir1

[root@localhost ~]# cd /dir1

[root@localhost dir1]# touch test

（2）添加一个组群 sales，并将用户 xx1 和 user2 加入该组群中，例如：

[root@localhost ~]# groupadd sales

[root@localhost ~]# usermod -G sales user1

[root@localhost ~]# usermod -G sales user2

（3）将 xx1 和 xx2 添加为 Samba 账号，并设置访问 Samba 服务器的密码，例如：

[root@localhost ~]# smbpasswd -a xx1

New SMB password:

Retype new SMB password:

Added user xx1.

[root@localhost ~]# smbpasswd -a xx2

New SMB password:

Retype new SMB password:

Added user xx2.

5.编辑 Samba 服务器主配置文件

使用 vi 编辑器打开/etc/samba/smb.conf 文件，在文件尾加入如下参数：

[glad]

comment = test

path = /dir1

browseable = yes

writable = yes

valid users=@sales

Comment：共享说明；

Path：共享目录路径；

Browseable：共享资源是否可以浏览；

Writable：共享路径是否具有写权限；

valid users：允许访问该共享的用户名单，多个用户或者组中间用逗号隔开，如果要加入一个组就用"@组名"表示。

6.设置共享目录/dir1 权限及所属用户

设置目录/dir1 的权限为 770，所属用户组 sales，例如：

[root@localhost ~]#chmod 770 /dir1

[root@localhost ~]#chgrp sales /dir1

7.重启 SMB 服务

[root@localhost ~]#systemctl restart smb.service

[root@localhost ~]#systemctl restart nmb.service

8.测试

在 Linux 操作系统客户端主机上利用 smbclient 命令访问 Windows 和 Linux 共享资源。可先通过以下命令查看 samba 服务器的共享目录：

smbclient -L ip 地址 -U 用户名

查看 samba 服务器可看到共享目录 glad 即为 smb.conf 主配置文件中设置

的共享目录。

[root@localhost ~]# smbclient -L 192.168.0.5 -U xx1

Enter SAMBA\xx1's password:

    Sharename   Type   Comment

    ---------   ----   -------

    print$ Disk   Printer Drivers

    glad   Disk   test

    IPC$ IPC   IPC Service （Samba 4.13.3）

    xx1   Disk   Home Directories

SMB1 disabled -- no workgroup available

访问具体目录时命令格式如下：

smbclient //服务器的 IP 地址/共享目录 -U 用户名

本 samba 服务器中用户 xx1 查看共享目录 glad 命令如下：

[root@localhost dir1]# smbclient //192.168.0.5/glad -U xx1

Enter SAMBA\xx1's password:

Try "help" to get a list of possible commands.

smb: \> ls

    .   D   0 Tue Apr 11 23:31:10 2023

    ..   D   0 Tue Apr 11 23:12:44 2023

    test   N   0 Tue Apr 11 23:31:10 2023

17811456 blocks of size 1024. 13013440 blocks available

smb: \>

这里需注意的是如果需要使用 smbclient 命令，则需要安装 Samba 客户端 rpm 包。

在 Windows 客户端中打开共享资源，地址栏输入 samba 服务器地址 192.168.0.5，会出现身份验证登录框，如图 8-10 所示。输入可访问用户 sales 组成员 xx1 后，身份验证成功登录后可以浏览共享文件，并可以在共享路径下新建资源，浏览 samba 服务器共享文件如图 8-11 所示，在 samba 服务器共享目录中新建文本文件如图 8-12 所示。

图8-10　用户登录框

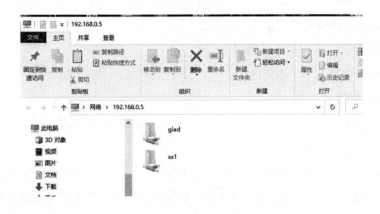

图8-11　浏览samba服务器共享文件

图8-12　在samba服务器共享文件中新建资源

8.4　项目实训

实训背景

某企业为了实现在企业局域网中的计算机间共享文件，准备搭建一台资源共享访问服务器，实现匿名用户具有新建目录、上传文件的权限，本地用户 ftptest 限制于主目录中访问 FTP 服务器，本地用户 xx2 在 FTP 服务器中可切换至根目录，位于例外名单中。

实训任务

练习 Linux 系统下 Vsftpd 服务器的配置方法及 FTP 客户端工具的使用。

实训目的

- 掌握 vsftpd 服务器的配置方法。
- 熟悉 FTP 客户端工具的使用。
- 掌握资源共享。

实训步骤

配置 FTP 服务器，安装 vsftpd 包，开启 vsftpd 服务，实现实训需求。

STEP 1 安装 vsftpd 包，开启服务。

```
[root@localhost ~]#yum install vsftpd –y            //安装 vsftpd 包
[root@localhost ~]#systemctl restart vsftpd.service    //开启 vsftpd 服务
[root@localhost ~]#systemctl stop firewalld.service    //关闭防火墙
```

STEP 2 设置匿名用户访问目录具有写权限，则需要对匿名用户访问目录/var/ftp/pub 添加其他用户对该目录的写权限，并根据需求编辑主配置文件 /etc/vsftpd/vsftpd.conf 中设置允许匿名用户访问、匿名用户可上传文件及新建目录：

```
[root@localhost ~]#chmod o+w /var/ftp/pub        //添加其他用户的写权限
[root@localhost ~]#vi /etc/vsftpd/vsftpd.conf      //编辑主配置文件
  anonymous_enable=YES
  write_enable=YES
  anon_upload_enable=YES
```

anon_mkdir_write_enable=YES

STEP3 重启服务。修改主配置文件后，重新启动 vsftpd 服务，例如：

[root@localhost ~]#systemctl restart vsftpd.service

STEP4 客户端访问 FTP。通过匿名用户（用户名为 ftp）和本地普通用户访问 FTP 服务器，分别测试是否可上传文件和下载文件。

STEP5 在 vsftpd.conf 配置文件中设置启用本地用户登录，用户列表文件为/etc/vsftpd/user_list，创建一个 ftptest 用户并设置密码，然后设置 ftptest 用户登录 FTP 服务器只能限制在主目录中，测试 ftptest 用户登录 FTP 服务器是否只能限制于主目录中：

[root@localhost ~]#vim /etc/vsftpd/vsftpd.conf　　//打开配置文件

//确定下面几个字段的值

local_enable=YES

userlist_enable=YES

userlist_deny=NO

userlist_file=/etc/vsftpd/user_list　　　　　　//用户列表文件

[root@localhost ~]#useradd ftptest　　　　　　//创建用户

[root@localhost ~]#passwd ftptest　　　　　　//设置密码

[root@localhost ~]#vi /etc/vsftpd/user_list

//添加下面的行：

　ftptest

[root@localhost ~]#vi /etc/vsftpd/vsftpd.conf

chroot_local_user=YES　　　　　　　　//用户限制在家目录中

[root@localhost ~]#chmod a-w /home/ftptest

//vsftpd 增强了安全检查，如果用户被限定在主目录下，则该用户的主目录不能再具有写权限

[root@localhost ~]#systemctl restart vsftpd.service //重新启动 vsftpd 服务

[root@localhost ~]# ftp 192.168.0.5　　　　　//测试 ftptest 用户

Connected to 192.168.0.5 （192.168.0.5）.

220 （vsFTPd 3.0.3）

Name （192.168.0.5:root）: ftptest

331 Please specify the password.

Password:

230 Login successful.

Remote system type is UNIX.

Using binary mode to transfer files.

ftp> pwd

257 "/" is the current directory

ftp> ls

227 Entering Passive Mode （192,168,0,5,67,117）.

150 Here comes the directory listing.

226 Directory send OK.

ftp> cd /

250 Directory successfully changed.

ftp> ls

227 Entering Passive Mode （192,168,0,5,80,244）.

150 Here comes the directory listing.

226 Directory send OK.

ftp>

STEP 6 设置本地用户 xx2 不受家目录的限制，开启客户端计算机进行测试：

//修改 vsftpd.conf 文件，做如下设置

[root@localhost ~]#vi /etc/vsftpd/vsftpd.conf

chroot_list_enable=YES   //是否启用例外名单，修改该参数的取值为 YES

chroot_list_file=/etc/vsftpd/chroot_list //例外名单文件

[root@localhost ~]#vim /etc/vsftpd/user_list   用户列表中加入用户 xx2

//添加下面的行：

    xx2

[root@localhost ~]#vim /etc/vsftpd/chroot_list 例外名单中加入用户 xx2

//添加下面的行：

xx2

[root@localhost ~]#systemctl restart vsftpd.service

//重新启动 vsftpd 服务

[root@localhost ~]# ftp 192.168.0.5 测试 xx2 用户

Connected to 192.168.0.5 （192.168.0.5）.

220 （vsFTPd 3.0.3）

Name （192.168.0.5:root）: xx2

331 Please specify the password.

Password:

230 Login successful.

Remote system type is UNIX.

Using binary mode to transfer files.

ftp> cd /

250 Directory successfully changed.

ftp> ls

227 Entering Passive Mode （192,168,0,5,33,207）.

150 Here comes the directory listing.

lrwxrwxrwx   1 0   0   7 Apr 23 2020 bin -> usr/bin

dr-xr-xr-x   5 0   0   4096 Nov 29 07:44 boot

drwxr-xr-x 20 0   0   3200 Nov 29 08:16 dev

drwxrwx---   2 0   1005   33 Apr 11 15:49 dir1

drwxr-xr-x 148 0   0   8192 Apr 11 16:10 etc

drwxr-xr-x   8 0   0   81 Apr 11 16:10 home

lrwxrwxrwx   1 0   0   7 Apr 23 2020 lib -> usr/lib

lrwxrwxrwx   1 0   0   9 Apr 23 2020 lib64 -> usr/lib64

drwxr-xr-x   2 0   0   6 Apr 23 2020 media

```
drwxr-xr-x   4 0     0          31 Nov 29 08:29 mnt
drwxr-xr-x   2 0     0           6 Apr 23  2020 opt
dr-xr-xr-x  318 0    0           0 Nov 29 08:15 proc
dr-xr-x---  16 0     0        4096 Apr 11 16:30 root
drwxr-xr-x  43 0     0        1320 Apr 11 15:45 run
lrwxrwxrwx   1 0      0          8 Apr 23  2020 sbin -> usr/sbin
drwxr-xr-x   2 0      0          6 Apr 23  2020 srv
dr-xr-xr-x  13 0      0          0 Nov 29 08:15 sys
drwxrwxrwt  19 0      0       4096 Apr 11 16:07 tmp
drwxr-xr-x  12 0      0        144 Nov 29 07:32 usr
drwxr-xr-x  23 0      0       4096 Nov 30 06:38 var
226 Directory send OK.
ftp>
```

项目九　配置 DHCP 服务器

项目案例

　　总公司服务器区的 DHCP 服务器（192.168.0.253）实现给一个网段的计算机动态地分配 IP 地址，即给客户端计算机（client computer1…client computer4）分配的 IP 地址范围在 192.168.0.0 这个网段，服务器区的 DHCP 服务器要给办公区不在一个网段（192.168.1.0）的客户端计算机（client computer5…client computer8）动态分配 IP 地址，网络拓扑图如图 9-1 所示。

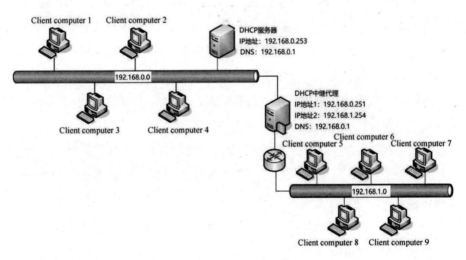

图9-1　DHCP服务器

项目任务

　•配置和管理 DHCP 服务器，实现 DHCP 服务器给局域网同网段内的计算机自动分配 IP 地址。

项目目标

- 掌握 DHCP 服务的工作过程；
- 熟悉配置和管理 DHCP 服务器。

9.1 配置和管理 DHCP 服务器

9.1.1 DHCP 服务器工作原理

DHCP（Dynamic Host Configuration Protocol，动态主机配置协议）是局域网中的网络协议，应用 UDP 进行工作，给局域网中自动获取 IP 的主机自动分配 IP 地址。通常 UDP 协议使用 67 为 DHCP Server 端口发送广播消息，UDP 协议使用 68 为 DHCP Client 端口与 DHCP 服务器端进行通信。

DHCP 客户端计算机请求 IP 的过程如下：

（1）没有 IP 地址的客户端主机首次使用 0.0.0.0 IP 地址和 UDP 的 68 端口在局域网内发送 DHCPDISCOVER 广播包（包含了客户端计算机网卡的 MAC 地址和 NetBIOS 名称）寻找 DHCP 服务器；

（2）DHCP 服务器收到 DHCPDISCOVER 广播包，在局域网中使用 UDP 的 67 端口，发送 DHCPOFFER 广播数据包，包含待出租的 IP 地址及地址租期等；

（3）局域网中客户端主机发送 DHCPREQUEST 广播包（包含选择的 DHCP 服务器的 IP 地址），正式向服务器请求租用分配服务器已提供的 IP 地址；

（4）DHCP 服务器向请求的客户端主机发送 DHCPACK 单播包，正式确认客户端主机的租用请求。

DHCP 客户端计算机更新 IP 租约的过程如下：

当客户端计算机的 IP 租约期限达到 50% 和 87.5% 时，客户端主机会向服务器发出 DHCPREQUEST 信息包，请求 IP 租约的更新。

9.1.2 配置和管理 DHCP 服务器

在 Linux 环境中配置一台 DHCP 服务器，需要安装软件包、编辑主配置文件和开启 dhcp 服务。

1．安装软件包

dhcp-server-4.3.6-44.el8.x86_64.rpm 是配置 DHCP 服务器和 DHCP 中继代理程序的软件包。

配置 DHCP 服务器需要安装 dhcp-server-4.3.6-44.el8.x86_64.rpm 包，使用命令"find / -name dhcp*"，在系统中查找到该软件包，其完整路径为"/run/media/root/RHEL-8-4-0-BaseOS-x86_64/BaseOS/Packages/dhcp-server-4.3.6-44.el8.x86_64.rpm"。安装 DHCP 包时，如果路径中带有空格，则要用双引号将路径括起来。安装包可以用 rpm 命令安装，也可以用 yum 命令安装。

（1）使用 rpm 安装 DHCP 软件包

[root@localhost ~]# rpm -ivh /run/media/root/RHEL-8-4-0-BaseOS-x86_64/BaseOS/Packages/dhcp-server-4.3.6-44.el8.x86_64.rpm

警告：/run/media/root/RHEL-8-4-0-BaseOS-x86_64/BaseOS/Packages/dhcp-server-4.3.6-44.el8.x86_64.rpm: 头 V3 RSA/SHA256 Signature, 密钥 ID fd431d51: NOKEY

Verifying...　　　　　　################################# [100%]

准备中...　　　　　　　################################# [100%]

正在升级/安装...

1:dhcp-server-12:4.3.6-44.el8　################################# [100%]

（2）使用 yum 安装 DHCP 软件包（设仓库文件已经创建）

首先使用 mount 命令查看光盘设备名称为/dev/sr0，将光盘设备挂载到 yum 仓库文件中 file 指定的路径/mnt/cdroom 下，然后安装 DHCP 包，代码如下所示：

[root@localhost mnt]#mkdir cdrom　　　//在 mnt 目录下创建 cdrom 目录

[root@localhost /]#mount /dev/sr0 /mnt/cdrom

mount: /mnt/cdrom: WARNING: device write-protected, mounted read-only.

　　　　　　　　//将/dev/sr0 设备挂载到/mnt/cdrom 目录

[root@localhos~]# yum install dhcp -y

2．配置 DHCP 服务器

（1）dhcpd.conf 主配置文件

配置 DHCP 服务，要完成主配置文件/etc/dhcp/dhcpd.conf 的编辑。该主配置文件中需要编辑的内容很多，该文件的内容可以通过模板文件/usr/share/doc/dhcp-server/dhcpd.conf.example 复制生成。下面对文件中的重要参数进行注释说明。

[root@localhost   ~]#   cp   /usr/share/doc/dhcp-server/dhcpd.conf.example /etc/dhcp/dhcpd.conf

[root@localhost ~]# vi /etc/dhcp/dhcpd.conf

　　1 option domain-name "example.org";

　　2 option domain-name-servers ns1.example.org, ns2.example.org;

　　3 default-lease-time 600;

　　4 max-lease-time 7200;

　　5 log-facility local7;

　　6 subnet 10.152.187.0 netmask 255.255.255.0 {

　　7 }

　　8 subnet 10.254.239.0 netmask 255.255.255.224 {

　　9 range 10.254.239.10 10.254.239.20;

　　10 option routers rtr-239-0-1.example.org, rtr-239-0-2.example.org;

　　11 }

　　12 subnet 10.254.239.32 netmask 255.255.255.224 {

　　13 range dynamic-bootp 10.254.239.40 10.254.239.60;

　　14 option broadcast-address 10.254.239.31;

　　15 option routers rtr-239-32-1.example.org;

　　16 }

　　17 subnet 10.5.5.0 netmask 255.255.255.224 {

　　18 range 10.5.5.26 10.5.5.30;

　　19 option domain-name-servers ns1.internal.example.org;

　　20 option domain-name "internal.example.org";

21 option routers 10.5.5.1;

22 option broadcast-address 10.5.5.31;

23 default-lease-time 600;

24 max-lease-time 7200;

25 }

26 host passacaglia {

27 hardware ethernet 0:0:c0:5d:bd:95;

28 filename "vmunix.passacaglia";

29 server-name "toccata.fugue.com";

30 }

31 host fantasia {

32 hardware ethernet 08:00:07:26:c0:a5;

33 fixed-address fantasia.fugue.com;

34 }

35 class "foo" {

36 match if substring （option vendor-class-identifier, 0, 4） = "SUNW";

37 }

38 shared-network 224-29 {

39 subnet 10.17.224.0 netmask 255.255.255.0 {

40 option routers rtr-224.example.org;

41 }

42 subnet 10.0.29.0 netmask 255.255.255.0 {

43 option routers rtr-29.example.org;

44 }

45 pool {

46 allow members of "foo";

47 range 10.17.224.10 10.17.224.250;

48 }

49 pool {

50 deny members of "foo";

51 range 10.0.29.10 10.0.29.230;

52 }

53 }

第 1 行：option domain-name，设置客户端主机自动获取的 DNS 域名解析服务器的域名。

第 2 行：option domain-name-servers，设置客户端主机自动获取的 DNS 域名解析服务器的域名。

第 3 行：default-lease-time，设置默认租约时间。

第 4 行：max-lease-time，设置最长租约时间。

第 5 行：syslog 设置，可以到/var/log/syslog 文件查看 DHCP 分配的日志。

第 6～7 行、第 8～11 行、第 12～16 行和第 17～25 行：给客户端主机自动分配 IP 地址等相关信息；

第 9、13 和 18 行：range dynamic-bootp，设置客户端主机自动获取的 IP 地址范围。

第 10、15 和 20 行：option routers，设置客户端主机自动获取的网关地址。

第 14、22 行：option broadcast-address，设置广播地址。

第 26～30 行、第 31～34 行：host ~{ }，将保留的 IP 地址绑定给指定的主机；其中~可以是任意合法的名字，next-server 指定主机的域名，hardware ethernet 指网卡的 MAC 地址，fixed-address 指网卡绑定保留的 IP 地址。

第 35～37 行：定义一个类，按设备标识下发 IP 地址，即传说中的 option 60。

第 38～45 行：表示"foo"类中的所有客户端在子网 10.17.224/24 上获取地址，而所有其他的客户端在子网 10.0.29/24 上获取地址。

第 45～48 行：定义一个池，允许设备属于 class "foo" 这个类的设备获取"range 10.17.224.10 10.17.224.250;"的地址。

第 49～52 行：定义一个池，拒绝设备属于 class "foo" 这个类的设备获取"range 10.0.29.10 10.0.29.230;"的地址。

（2）配置 DHCP 服务器

根据项目任务，完成总公司服务器区的 DHCP 服务器（192.168.0.253）的配置，实现给 192.168.0.0 网段的计算机动态地分配 IP 地址。IP 地址范围为 192.168.0.10～192.168.0.200，默认网关地址为 192.168.0.254，DNS 域名解析服务器的域名为 dns.amy.com，IP 地址为 192.168.0.1；保留 IP 地址 192.168.0.200 给网卡 MAC 地址 2d:1a:23:4e:2c:62，默认租约期限为 802800 秒，最长租约期限为 909800 秒。编辑 DHCP 服务器的主配置文件 /etc/dhcp/dhcpd.conf，代码如下所示：

```
[root@localhost~]# vi /etc/dhcp/dhcpd.conf
option domain-name "dns.amy.com";
option domain-name-servers 192.168.0.1;
subnet 192.168.0.0 netmask 255.255.255.0{
  range 192.168.0.10 192.168.0.200;
  option routers 192.168.0.254;
  option broadcast-address 192.168.0.255;
  default-lease-time 802800;
  max-lease-time 909800;
}
host pc1{
  hardware ethernet 2d:1a:23:4e:2c:62;
  fixed-address 192.168.0.200;
}
```

（3）配置 DHCP 服务器网卡的 IP 地址

配置该 DHCP 服务器的 IP 地址为 192.168.0.253，如图 9-2 所示。

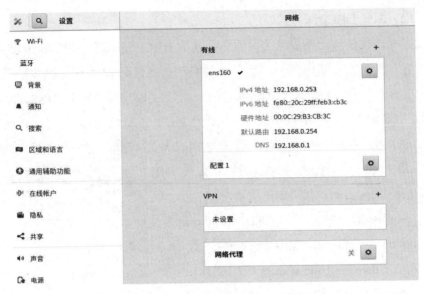

图9-2　配置DHCP服务器网卡IP地址

（4）开启 dhcpd 服务器

①使用命令开启 dhcpd 服务，命令如下所示：

[root@localhost ~]# systemctl start dhcpd

②使用 netstat 查看 dhcpd 服务开启状态，命令如下所示：

[root@localhost ~]# netstat -atulpn|grep dhcpd

　udp　0　0　0.0.0.0:67　0.0.0.0:*　　　　　　37138/dhcpd

说明 DHCP 服务器已开启监听 67 端口。

（5）测试

开启一台客户端主机，设置自动获取 IP 地址方式，观察客户端获取 IP 地址情况。Windows 系列客户端主机，本地连接设置为自动获取 IP 地址，自动获得 DNS 服务器地址，如图 9-3 所示。如果客户端主机已经自动获取了其他服务器分配的 IP 地址，可以在 dos 命令行输入 ipconfig/release 释放原有的 IP 地址，输入 ipconfig/renew 重新再次获取新的 IP 地址，输入 ipconfig/all 查看客户端获取 IP 地址等信息。如图 9-4 所示，客户端主机获取的 IP 地址为 192.168.0.10，DHCP 服务器的 IP 地址为 192.168.0.253。

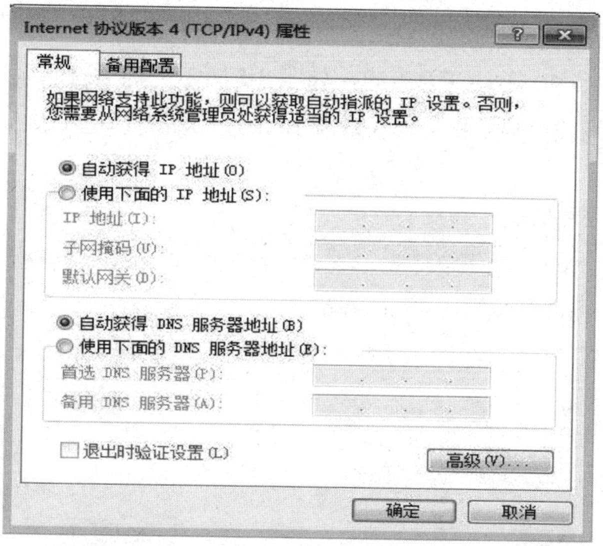

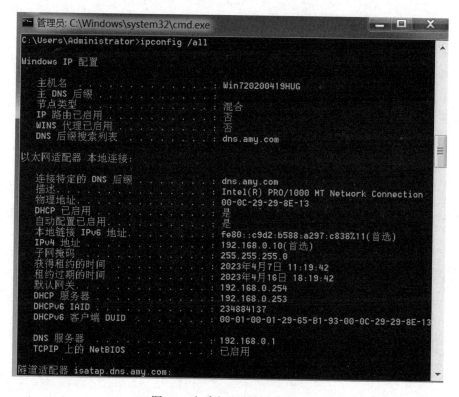

图9-3　本地连接自动获取IP地址

图9-4　查看自动获取的IP地址

Red Hat Linux8.4 系列的客户端主机，设置网卡"自动获取 IP 地址设置使用"方式为自动（DHCP）方式，如图 9-5 所示。然后刷新客户端主机网络设备 NEW，该客户端主机自动获取到 IP 地址，如图 9-6 所示。

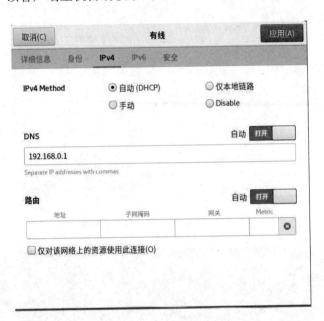

图9-5　设置网卡自动获取IP地址

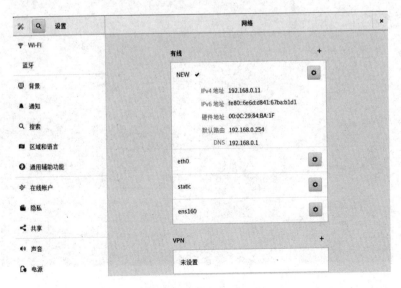

图 9-6　Red Hat 8.4 客户端主机自动获取 IP 地址

9.2　项目实训

实训背景

某企业计划构建一台 DHCP 服务器来解决 IP 地址动态分配的问题，要求能够分配 IP 地址以及网关、DNS 等其他网络属性信息。

假设企业 DHCP 服务器 IP 地址为 192.168.0.253。DNS 服务器的域名为 dns.amy.com，IP 地址为 192.168.0.1；网关地址为 192.168.0.254；给客户端主机分配的地址范围为 192.168.0.10 到 192.168.0.200，掩码为 255.255.255.0。给不同网段的客户端主机分配的 IP 地址范围为 192.168.1.10 到 192.168.0.200；网关地址为 192.168.0.254，子网掩码为 255.255.255.0。

实训任务

配置 Linux 系统 DHCP 服务器。

实训目的

● 掌握 Linux 下 DHCP 服务器工作原理；

● 掌握 Linux 下 DHCP 服务器的安装和配置。

实训步骤

1.配置 DHCP 服务器

STEP 1 检测系统是否安装了 DHCP 服务器对应的软件包，如果没有安装的话，进行安装（或者应用 rpm 安装软件包）。

STEP 2 按照项目背景的要求配置 DHCP 服务器。

STEP 3 利用"systemctl start dhcpd.service"命令，启动 DHCPD 服务。

2.验证 DHCP 服务器配置

STEP 1 使用客户端计算机验证 DHCP 服务器是否能够自动分配 IP 地址，客户端计算机可以是 Windows 系列，也可以是 Linux 系列，客户端计算机只需设置自动获取 IP 地址，然后查看自动获取 IP 地址的情况。

STEP 2 开启 Windows XP 客户端主机进行测试，设置本地连接为自动获取 IP 地址，如图 9-2 所示。在 dos 命令窗口中，输入 ipconfig /all 命令查看客户端主机获取的 IP 地址，如图 9-5 所示。

项目十　配置 DNS 服务器

项目案例

在公司总部搭建一台 DNS 域名解析服务器和辅助 DNS 服务器，实现 amy.com 域的解析，实现公司内部和外部域名解析，当主 DNS 服务器发生故障时，通过区域传输，构建辅助 DNS 服务器，承载主 DNS 服务器解析任务。

（1）正向解析任务：

dns.amy.com—192.168.0.1;

fdns.amy.com—192.168.0.6;

www.amy.com—192.168.0.2;

mail.amy.com—192.168.0.3;

ftp.amy.com—192.168.0.4;

samba.amy.com—192.168.0.5;

vpn.amy.com—192.168.0.252;

dhcp.amy.com—192.168.0.253;

oa.amy.com—192.168.0.200。

（2）反向解析任务：实现以上 IP 地址到域名的反向解析。

（3）DNS 服务器域名解析网络拓扑图，如图 10-1 所示。

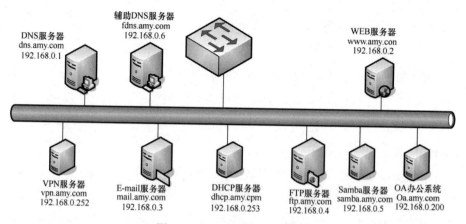

图10-1　DNS域名解析服务器

项目任务

- 配置和管理主 DNS 服务器，负责 amy.com 区域的正向解析和 192.168.0.0 网段的反向解析；
- 构建辅助 DNS 服务器，承载主 DNS 发生故障后的域名解析。

项目目标

- 掌握 DNS 域名解析的工作过程和区域传输的概念；
- 熟悉主 DNS 域名解析服务器的配置；
- 掌握构建辅助 DNS 域名解析服务器的方法。

10.1　配置和管理主 DNS 服务器

DNS（Domain Name System，域名系统）是实现域名和 IP 地址相互映射的一个分布式数据库，该过程叫作域名解析，用户通过易记的域名访问网络资源。DNS 域名解析服务器承担了域名到 IP 地址解析或者 IP 地址到域名解析的工作。DNS 协议运行在 UDP 协议之上，使用 53 端口号。

常见域名的表示方法是在区域名加上小圆点"."，如 www.163.com，一个完整的域名按照域名空间结构组织。

域名空间结构最顶层为根域，即 www.163.com.中最右边的一个小圆点，常省略不写。根域 DNS 服务器只负责处理一些顶级域名 DNS 服务器的解析请求。

第 2 层为顶级域，常见的有 com（商业机构）、org（财团法人等非营利机构）、gov（官方政府单位）、net（网络服务机构）、mil（军事部门）、edu（教育、学术研究单位）和国家代码等组成的域名体系；如 www.163.com 中的 com。

第 3 层是顶级域下划分的二级域；如 www.163.com 中的 163。

第 4 层是二级域下的子域，子域下可以再分子域。

第 5 层是主机，如 www.163.com 中的 www 是 163.com 域中的一台主机名。常见的 www 代表的是 Web 服务器，ftp 代表的是 FTP 服务器，smtp 代表的是电子邮件发送服务器，pop 代表的是电子邮件接收服务器等。

10.1.1 DNS 工作原理

DNS 名称的解析能够通过 hosts 文件解析和 DNS 服务器解析。下面介绍 DNS 服务器解析的工作过程［采用客户机/服务器（C/S）模式进行解析］。

（1）客户端主机在 Web 浏览器中输入地址 http://www.amy.com，Web 浏览器将域名解析请求提交给自己计算机上集成的 DNS 客户端软件。

（2）DNS 客户端软件向指定 IP 地址的主 DNS 服务器（192.168.0.1）发出域名解析请求。

（3）DNS 服务器在自己建立的域名数据库中查找是否有与 www.amy.com 相匹配的记录，域名数据库存储的是 DNS 服务器自身能够解析的数据。

（4）域名数据库将查询结果反馈给 DNS 服务器，如果找到匹配的记录，则转入第 9 步。

（5）如果在域名数据库中没有找到匹配的记录，DNS 服务器将访问域名缓存，域名缓存存放的是从其他 DNS 服务器转发的域名解析结果。

（6）域名缓存将查询结果反馈给 DNS 服务器，若域名缓存中查询到指定的记录，则转入第 9 步。

（7）若域名缓存中没有找到指定记录，则按照 DNS 服务器的设置转发域名解析请求到其他 DNS 服务器上进行查找。

（8）其他 DNS 服务器将查询结果反馈给 DNS 服务器。

（9）DNS 服务器将查询结果反馈回 DNS 客户机。

（10）DNS 客户机将域名解析结果反馈给浏览器，若反馈成功，Web 浏览器按照指定的 IP 地址（192.168.0.2）访问 Web 服务器，否则将提示网站无法解析或不可访问的信息。

DNS 解析的方式有正向域名解析和反向域名解析。正向域名解析实现域名到 IP 地址的解析，反向解析实现 IP 地址到域名的解析。

10.1.2 配置和管理主 DNS 域名解析服务器

将 Linux 操作系统配置为 DNS 域名解析服务器，实现正向和反向域名解析功能。

（1）正向解析任务：dns.amy.com—192.168.0.1；fdns.amy.com—192.168.0.6；www.amy.com-192.168.0.2；mail.amy.com-192.168.0.3；ftp.amy.com—192.168.0.4；samba.amy.com—192.168.0.5；vpn.amy.com—192.168.0.252；dhcp.amy.com—192.168.0.253；oa. amy.com—192.168.0.200。

（2）反向解析任务：实现以上 IP 地址到域名的反向解析。

配置 DNS 服务器实现上述功能需经过 5 步，即安装软件包、编辑主配置文件、编辑区域文件和开启服务，最后关闭防火墙进行测试。

配置 DNS 服务器的 IP 地址为 192.168.0.1，并重启网络服务，使配置生效，命令如下所示：

[root@localhost 桌面]# vi /etc/sysconfig/network-scripts/ifcfg-ens160

TYPE=Ethernet

BOOTPROTO=none

IPADDR=192.168.0.1

PREFIX=24

GATEWAY=192.168.0.254

DNS1=192.168.0.1

NAME=ens160

UUID=784907fd-08ec-491b-bac0-cce8662af9ae

ONBOOT=yes

修改 IP 地址也可以在图形化界面中实现，如图 10-2 所示。

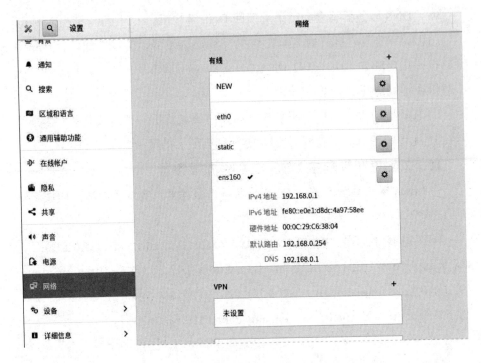

图10-2　修改ens160网卡的IP地址

1.安装软件包

与 DNS 服务相关的软件包有以下几种：bind 包，配置 DNS 服务器的软件包；bind-chroot 包，使 BIND 运行在指定的/var/named/chroot 目录中的安全增强工具，在配置主 DNS 服务器中经常会安装；bind-utils 包，是 DNS 测试工具，包括 dig、host 与 nslookup 等；caching-nameserver 包，是高速缓存 DNS 服务器的基本配置文件包，建议安装。

配置主 DNS 服务器，重点安装 bind 包就可以了。要安装包，先执行 find 命令找到包所在的位置，然后使用 rpm 命令安装，当然也可以用 yum 命令来安装。

（1）查找以 bind 字符串开头的包，例如：

[root@localhost ~]#find / -name bind*

/run/media/root/RHEL-8-4-0-BaseOS-x86_64/AppStream/Packages/bind-

9.11.26-3.el8.x86_64.rpm

（2）用 rpm 命令安装 bind 包，例如：

[root@localhost 桌面]#rpm -ivh /run/media/root/RHEL-8-4-0-BaseOS-x86_64/

AppStream/Packages/bind-9.11.26-3.el8.x86_64.rpm

2.编辑主配置文件

主配置文件默认为 /etc/named.conf，编辑主配置文件，一般是将 /usr/....../sample/etc/ named.conf 模板文件拷贝后进行修改而成。

（1）使用 rpm 查找模板文件。

[root@localhos 桌面]#rpm -ql bind

/usr/share/doc/bind/sample/etc/named.conf

（2）拷贝模板文件为指定目录下的主配置文件 named.conf。

[root@localhos 桌面]#cp /usr/share/doc/bind/sample/etc/named.conf /etc/named.conf

（3）编辑主配置文件 named.conf。

[root@localhost 桌面]#vi /etc/named.conf

1 options { directory "/var/named"; };

2 zone "amy.com" {

3 type master;

4 file "amy.zone";};

5 zone "0.168.192.in-addr.arpa" { type master;

6 file "192.168.0.0.zone"; };

主配置文件内容说明如下。

第 1～4 行，定义正向区域 amy.com。第 1 行，设置区域文件的路径在 /var/named；第 2 行，定义区域名"amy.com"；第 3 行，指定 DNS 服务器类型为 master 主 DNS；第 4 行，指定区域文件名称为 amy.zone。

第 5～6 行，定义 192.168.0.0 网段的反向区域"0.168.192.in-addr.arpa"，第 6 行，指定该区域对应的区域文件名称为 192.168.0.0.zone。

3.编辑区域文件

区域文件存放在 /var/named/chroot/var/named 路径下。区域文件的编辑可以通过一个模板文件 named.localhost 拷贝之后修改而成。

（1）编辑 amy.com 区域的区域文件 amy.zone，查找 named.localhost 模板文件，拷贝其为 amy.zone 文件。命令如下所示：

[root@myq named]#rpm -ql bind

/var/named/named.localhost

[root@myq named]#cp /var/named/named.localhost /var/named/amy.zone

进入/var/named 目录，编辑正向区域文件 amy.zone，命令如下所示：

[root@myq named]#cd /var/named

[root@myq named]#vi amy.zone

```
 1 $TTL   86400
 2 @     IN SOA  dns.amy.com. mail.amy.com. （
 3 2012031202 ; serial （d. adams）
 4 3h     ; refresh
 5 2h     ; retry
 6 1w     ; expiry
 7 1D     ; minimum  ）
 8 @  IN NS      dns.amy.com.
 9 @  IN MX 10    mail.amy.com.
10 dns  IN A     192.168.0.1
11 www  IN A      192.168.0.2
12 mail  IN A     192.168.0.3
13 ftp  IN A     192.168.0.4
14 samba  IN A      192.168.0.5
15 fdns  IN A     192.168.0.6
16 oa  IN A     192.168.0.200
17 vpn  IN A     192.168.0.252
18 dhcp  IN A      192.168.0.253
```

区域文件 amy.zone 说明如下。

第 1~7 行，定义辅助 DNS 与主 DNS 同步更新时间设置。

第 1、7 行，确定域名信息在本地缓存中保存的时间为 86400 秒（1D），时间后面接的单位默认是秒，还可以在时间数字后面接字符 s（秒）、h（小时）、d（天）、w（星期）。

第 2 行，@表示区域名（amy.com），IN 表示网络类型 internet，SOA 定义 DNS 的资源记录类型，声明负责区域（amy.com）的数据，dns.amy.com. 声明 DNS 主机的完整域名，mail.amy.com.表示管理 DNS 服务器的管理员的邮箱地址。

第 3 行，2012031202 正向解析区域的序列号，为 2012 年 3 月 12 日的第 2 版，当主 DNS 发生变化后，该编号后面的两位数字要加大，以便于辅助 DNS 同步。

第 4 行，刷新时间，每隔 3 小时，辅助 DNS 检查主 DNS 的序列号是否发生变化，如果变大了，要进行数据刷新。

第 5 行，重试时间 2 小时，如果辅助 DNS 刷新主 DNS 没有成功，在 2 小时内可以重试检查更新。

第 6 行，过期时间 1 周，如果辅助 DNS 与主 DNS 在 1 周内没有取得联系，则辅助 DNS 过期。

第 8 行，NS 表示定义 DNS，域名为 dns.amy.com。

第 9 行，MX 10 表示定义邮件交换器域名为 mail.amy.com，优先级别为 10，一般在搭建邮件服务器的时候要在 DNS 中定义邮件交换器。

第 10～18 行，定义 amy.com 区域中的主机与 IP 地址的对应关系，在这里定义的时候，可以省略区域名（amy.com），如第 11 行中 www 对应的完整域名是 www.amy.com，映射的 IP 地址为 192.168.0.1，此处省略了 amy.com。

（2）编辑反向区域 192.168.0.0 的区域文件 192.168.0.0.zone。

查找 named.localhost 模板文件，拷贝为 192.168.0.0.zone 文件。

[root@myq named]#rpm -ql bind

/var/named/named.localhost

[root@myq named]#cp /var/named/named.localhost /var/named/192.168.0.0.zone

进入/var/named 目录，编辑反向区域文件 192.168.0.0.zone。

[root@myq named]#cd /var/named

[root@myq named]#vi 192.168.0.0.zone

```
1  $TTL   86400
2  @      IN SOA   dns.amy.com. mail.amy.com.  （
3  43     ; serial （d. adams）
4  3      ; refresh
5  5      ; retry
6  1      ; expiry
7  1D     ; minimum  ）
8  @           IN NS        dns.amy.com.
9  @           IN MX 10      mail.amy.com.
10  1       IN PTR      dns.amy.com.
11  2       IN PTR      www.amy.com.
12  3       IN PTR      mail.amy.com.
13  4       IN PTR      ftp.amy.com.
14  5       IN PTR      samba.amy.com.
15  6       IN PTR      fdns.amy.com.
16  200        IN PTR      oa.amy.com.
17  252        IN PTR      vpn.amy.com.
18  253        IN PTR      dhcp.amy.com.
```

反向区域文件 192.168.0.0.zone 说明如下。

第 1～9 行，同上，此处的@表示区域名 0.168.192.in-addr.arpa；

第 10～18 行，定义 IP 地址指向的域名，用 PTR 表示，也可以省略区域名，如第 10 行，1 表示的是 1.0.168.192.in-addr.arpa，对应的域名为 dns.amy.com，即 192.168.0.1 该 IP 地址反向解析对应的域名为 dns.amy.com。

4.开启 named 服务

DNS 域名解析服务器要实现域名解析功能，必须开启 named 服务，在主配置文件和对应的区域文件编辑完全没有错误的情况下，能够成功开启 named 服务，否则服务开启失败。开启 named 服务也是对主配置和区域文件正确与否的验证。

[root@localhost named]# systemctl start named.service

5.测试

检查 DNS 域名解析服务器的服务功能必须通过测试来实现，测试的命令有 host、big 和 nslookup，在 Linux 客户端、Windows 客户端通用的测试命令为 nslookup。

在测试前，用 iptalbels -F 清除 DNS 服务器的防火墙缓存，并关闭 SeLinux，命令如下所示：

[root@localhost 桌面]#vi /etc/sysconfig/selinux

SELINUX = disabled

[root@localhost 桌面]#init 6

setenforce: SELinux is disabled

[root@localhost 桌面]#iptables -F

（1）Linux 客户端主机

打开/etc/resolv.conf 文件，编辑 DNS 域名解析服务器的 IP 地址，要使该文件生效，需要重新回载网络配置。

[root@myq named]#vi /etc/resolv.conf

nameserver 192.168.0.1

[root@localhost ~]#nmcli c reload

输入 nslookup 命令进行测试，命令如下所示：

[root@localhost 桌面]# nslookup

> www.amy.com

Server:192.168.0.1

Address:192.168.0.1#53

Name:www.amy.com

Address: 192.168.0.2

> 192.168.0.2

Server:192.168.0.1

Address:192.168.0.1#53

2.0.168.192.in-addr.arpa name = www.amy.com.

>

（2）Windows 系列主机

编辑网卡的本地连接，设置 IP 和首先 DNS，如图 10-3 所示。然后在
dos 命令窗口中输入 nslookup 命令进行测试。

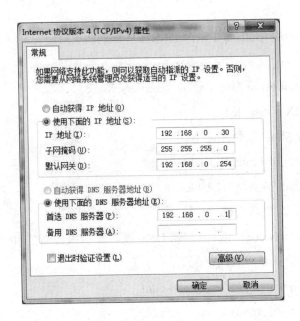

图10-3   DNS的Windows客户端主机IP地址设置

10.2   配置和管理辅助 DNS 域名解析服务器

辅助 DNS 服务器主要是在主 DNS 服务器发生故障后承担主 DNS 的域名
解析工作，在辅助 DNS 上不需要编辑区域文件，区域文件通过区域传输（将
一个区域文件复制到多个 DNS 服务器的过程）从主 DNS 服务器上自动获取，
步骤如下。

STEP 1 安装 bind 软件包。开启另外一台 Linux 操作系统，设置其 IP 地
址为 192.168.0.6，同配置主 DNS 服务器安装包操作一样，先找到包所在的位
置，然后安装包，此处只要安装 bind 包就可以了。

[root@localhost 桌面]# rpm -ivh /run/media/root/RHEL-8-4-0-BaseOS-x86_64/
AppStream/Packages/bind-9.11.26-3.el8.x86_64.rpm

STEP 2 编辑主配置文件/etc/named.conf。在主配置文件中定义同主 DNS
服务器中两个一样的区域名，然后在每个区域中增加一行 mastes{192.168.0.1}，
指定进行区域传输的主 DNS 服务的 IP 地址，type 的值从 master（主）改为
slave（辅助），将传输过来的区域文件保存到/var/named/slaves 目录下，在
file 中指定路径为 slaves（默认为/var/named/slaves 路径）。

[root@localhost 桌面]# vi /etc/named.conf

1 options { directory "/var/named"; };

2 zone "amy.com" {

3 type slave;

4 file "slaves/amy.zone";

5 masters{192.168.0.1;};

　　　　　　};

6 zone "0.168.192.in-addr.arpa" { type slave;

7 file "slaves/192.168.0.0.zone";

8 masters{192.168.0.1;};

　　　　　　　　};

STEP 3 开启 named 服务。设置 SeLinux 并关闭防火墙，开启 named 服
务，命令如下所示：

[root@localhost 桌面]# getenforce

[root@localhost 桌面]# setenforce 0

[root@localhost 桌面]# iptables -F

[root@localhost 桌面]# systemctl start named.service

STEP 4 在主 DNS 服务器上修改主配置文件。

[root@localhost 桌面]# vi /etc/named.conf

1 options { directory "/var/named";

2 allow-transfer{192.168.0.6;};};

3 zone "amy.com" {

4 type master;

5 file "amy.zone";

6 allow-update{none;};

}；

7 zone "0.168.192.in-addr.arpa" { type master;

8 file "192.168.0.0.zone";

9 allow-update{none;};

}；

主配置文件中增加行说明：

第 2 行，表示允许进行区域传输，指定传给辅助 DNS 的 IP 地址为 192.168.0.6，第 6 和第 9 行表示该区域允许更新。

STEP⑤在主 DNS 服务器上重启 named 服务。

[root@localhost 桌面]#systemctl restart named.service

STEP⑥在辅助 DNS 服务器上观察/var/named/slaves 目录下是否出现了 amy.zone 和 192.168.0.0.zone 两个区域文件。

10.3 项目实训

实训背景

现要求在企业内部构建一台 DNS 服务器，为局域网中的计算机提供域名解析服务。DNS 服务器管理 amy.com 域的域名解析，DNS 服务器的域名为 dns.amy.com，IP 地址为 192.168.1.2。辅助 DNS 服务器的 IP 地址为 192.168.1.3。同时还必须为客户提供 Internet 上的主机的域名解析。要求分别能解析以下域名：财务部（cw.jnrplinux.com:192.168.1.11），销售部（xs.jnrplinux.com: 192.168.1.12），经理部（jl.jnrplinux.com:192.168.1.13），OA 系统（oa. jnrplinux.com: 192.168.1.13）。

实训任务

练习 Linux 系统下主 DNS 服务器及辅助 DNS 服务器的配置方法。

实训目的

• 掌握 Linux 系统中主 DNS 服务器的配置。

• 掌握 Linux 下辅助 DNS 服务器的配置。

实训步骤

1.配置主 DNS 服务器

STEP 1 检查 DNS 服务对应的软件包是否安装，如果没有安装的话，安装相应的软件包。

STEP 2 安装 bind 包、bind-chroot 包。

STEP 3 编辑/var/named/chroot/etc/named.conf 文件，添加"jnrplinux.com"正向区域及"1.168.192.in-addr.arpa"反向区域。

STEP 4 创建/var/named/chroot/var/named/jnrplinux.com.zone 正向数据库（区域）文件。

STEP 5 创建/var/named/chroot/var/named/1.zone 反向数据库文件。

STEP 6 启动服务。

STEP 7 分别开启客户端计算机 Windows XP 和 Linux 用 nslookup 进行域名解析，观察解析结果。Linux 中要进行域名解析，要修改/etc/resolv.conf 配置文件。

2.配置辅助 DNS 服务器

STEP 1 在 192.168.1.3 辅助 DNS 服务器上，编辑/etc/named.conf 文件，添加 jnrplinux.com 区域。

STEP 2 在 192.168.1.2 主 DNS 服务器上，编辑/etc/named.conf 文件的 options 选项，设置允许进行区域传输。

3.在主 DNS 服务器上设置 DNS 转发器

在主 DNS 服务器上设置 DNS 域名解析转发器，主 DNS 的 IP 地址为 192.168.1.10，192.168.1.3 为转发器的 DNS 服务器。

4.测试

STEP 1 在 DNS 服务器上关闭防火墙。

STEP 2 在客户端主机上用 nslookup 命令进行测试。

STEP 3 观察域名解析结果。

项目十一　Apache 服务器

项目案例

在公司总部搭建一台 APACHE 服务器（见图 11-1），发布总公司和分公司网页（总公司、子公司都有自己独立的网站），站点域名分别为 bj.amy.com、sh.amy.com、cs.amy.com。这三个域名解析到 APACHE 服务器 192.168.0.2。建立/var/www/bj、/var/www/sh、/var/www.cs 目录，分别用于存放 bj.amy.com、sh.amy.com、cs.amy.com 这三个网站。管理员邮箱都设置为 root@amy.com。

（1）bj.amy.com 网站搭建 PHP 论坛实现广大用户的在线交流，PHP 论坛数据存放在 mysql 数据库中。要求该网站能满足 1000 人同时在线访问，并且该网站有个非常重要的子目录 /security，里面的内容仅允许来自 192.168.0.0/24 这个网段的成员访问，其他全部拒绝。将其首页设置为 index.php。

（2）将 sh.amy.com 网站首页设置为 index.html，该网站有个子目录/down，可基于别名实现对于资源的下载，并设定只有经过认证的用户才可以登录下载，认证的用户名为 xinxi，密码为 123456。

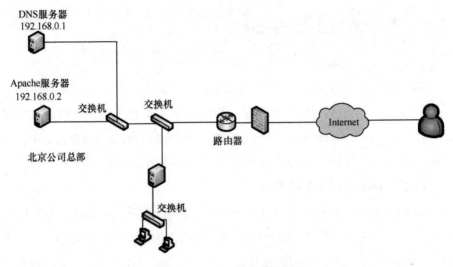

图11-1 Apache服务器拓扑图

项目任务

- 基于虚拟主机的 Apache。实现基于 IP 地址和域名的 Web 站点；

- 基于认证的 Apache。实现指定用户和密码访问站点；

- Apache 的应用。

项目目标

- 熟悉配置和管理基于虚拟主机的 Apache；

- 掌握配置和管理基于认证的 Apache；

- 掌握配置和管理基于 Apache 的应用。

思政元素

某网络安全爱好者，喜欢在一些 web 站点上挖漏洞，有一天他在某单位网站上挖漏洞，被该单位发现了，该单位要追究网络安全爱好者的法律责任。该网络安全爱好者的非法入侵行为，违反了《中华人民共和国网络安全法》第二十七条，根据情节轻重，需要承担相应的法律责任。

11.1 基于虚拟主机的 Apache

Web 服务是 Internet 上最重要的服务之一，人们可以通过它访问网页、查找资料、发布信息。使用 Web 服务需要架设 Web 服务器，只有通过 Web 服务器才能实现与 Internet 的交流。本章将详细介绍如何在 Red Hat Enterprise Linux 8.4 操作系统中利用 Apache 软件架设 Web 服务器的方法。

11.1.1 Apache 服务器简介

Apache 起初由 Illinois 大学 Urbana-Champaign 的国家高级计算程序中心开发。此后，Apache 在开放源代码团体成员的努力下不断地发展和加强。开始，Apache 只是 Netscape 网页服务器（现在是 Sun ONE）之外的开放源代码选择。渐渐地，它开始在功能和速度方面超越其他的基于 UNIX 的 HTTP 服务器。1996 年 4 月以来，Apache 一直是 Internet 上最流行的 HTTP 服务器；1999 年 5 月它在 57%的网页服务器上运行；到了 2005 年 7 月，这个比例上升到了 69%。

Apache 是在 1995 年初由当时最流行的 HTTP 服务器 NCSA Httpd 1.3 的代码修改而成的，因此是"一个修补的（a patchy server）"服务器。因为它是自由软件（开放源代码软件），所以不断有人来为它开发新的功能、新的特性，并且修改原来的缺陷。

本来它只用于小型和试验网络，后来逐步扩充到各种 UNIX 系统中，尤其对 Linux 的支持相当完美。Apache 2.4 具有以下特性：

（1）事先创建进程；

（2）按需维持适当的进程模块化设计，核心比较小，各种功能通过模块添加（包括 PHP），支持运行时配置，支持单独编译模块；

（3）支持多种方式的虚拟主机配置，如基于 IP 的虚拟主机，基于端口的虚拟主机，基于域名的虚拟主机；

（4）支持 HTTPS 协议；

（5）支持用户认证；

（6）支持基于 IP 或域名的 ACL 访问控制机制；

（7）支持每目录的访问控制；

（8）支持 URL 重写；

（9）支持 MPM（Multi Path Modules，多处理模块）。

现在的 Apache 2.4 增加了以下新特性：

（1）MPM 支持运行 DSO 机制（Dynamic Share Object，模块的动态装/卸载机制），以模块形式按需加载；

（2）支持 event MPM，eventMPM 模块生产环境可用；

（3）支持异步读写；

（4）支持每个模块及每个目录分别使用各自的日志级别；

（5）增强版的表达式分析器；

（6）支持毫秒级的 keepalive timeout；

（7）基于 FQDN 的虚拟主机不再需要 NameVirtualHost 指令；

（8）支持用户自定义变量；

（9）支持新的指令（AllowOverrideList）；

（10）降低对内存的消耗。

11.1.2 配置基于虚拟主机的 Apache

1.安装及管理

Red Hat Enterprise Linux 8.4 安装光盘中自带了 Apache 软件包，也可到 Apache 网站下载最新版本的软件包，官方网址为 http://httpd.apache.org。

Apache 服务器的安装很简单，可以使用下载 rpm 包方式或源代码方式进行安装。在 Red Hat Enterprise Linux 8.4 操作系统中，Apache 服务器名为 httpd。

在安装 Apache 之前，需要先确定系统中是否已安装了 Apache 软件包，可以通过如下命令进行测试：

[root@localhost ~]# rpm -aq | grep httpd

如上所示，则表明系统中没有安装 Apache。

还可以使用如下命令查看 Apache 是否存在，如下所示，显示 Unit httpd.service could not be found 说明还未安装 Apache：

[root@localhost ~]# service httpd status

Redirecting to /bin/systemctl status httpd.service

Unit httpd.service could not be found.

在 Red Hat Enterprise Linux 8.4 操作系统中，光盘自带的与 Apache 软件相关的 RPM 软件包有 httpd、httpd-tools 等。用户可以把光盘放入光驱，并将光盘进行挂载，设置本地 YUM 源进行安装。

[root@localhost ~]# yum install httpd

安装完，可通过如下命令进行查看，可知 Apache 已安装，如图 11-2 所示。

```
[root@localhost ~]# service httpd status
Redirecting to /bin/systemctl status httpd.service
● httpd.service - The Apache HTTP Server
   Loaded: loaded (/usr/lib/systemd/system/httpd.service; disabled; vendor preset: disabled)
   Active: inactive (dead)
     Docs: man:httpd.service(8)
```

图 11-2 查看 Apache 状态

Apache 的服务概览如下。

- 服务名称：httpd
- 配置文件：/etc/httpd/conf/httpd.conf
- 子配置文件：/etc/httpd/conf.d/*.conf
- 端口：80（http）、443（https）
- 默认发布目录：/var/www/html
- 日志存放位置：/etc/httpd/logs

命令模式启动 HTTPD 服务后，查看其状态可见已为运行状态，如图 11-3 所示。

```
[root@localhost logs]# systemctl start httpd.service
[root@localhost logs]# service httpd status
Redirecting to /bin/systemctl status httpd.service
● httpd.service - The Apache HTTP Server
   Loaded: loaded (/usr/lib/systemd/system/httpd.service; disabled; vendor pres>
   Active: active (running) since Mon 2021-12-27 06:53:03 EST; 4s ago
     Docs: man:httpd.service(8)
 Main PID: 37611 (httpd)
   Status: "Started, listening on: port 80"
    Tasks: 213 (limit: 25220)
   Memory: 40.8M
   CGroup: /system.slice/httpd.service
           ├─37611 /usr/sbin/httpd -DFOREGROUND
           ├─37612 /usr/sbin/httpd -DFOREGROUND
           ├─37613 /usr/sbin/httpd -DFOREGROUND
           ├─37614 /usr/sbin/httpd -DFOREGROUND
           └─37615 /usr/sbin/httpd -DFOREGROUND

12月 27 06:53:03 localhost.localdomain systemd[1]: Starting The Apache HTTP Ser>
12月 27 06:53:03 localhost.localdomain httpd[37611]: AH00558: httpd: Could not >
12月 27 06:53:03 localhost.localdomain systemd[1]: Started The Apache HTTP Serv>
12月 27 06:53:03 localhost.localdomain httpd[37611]: Server configured, listeni>
```

图 11-3　启动 httpd 服务并查看状态

管理 httpd 服务的命令如下所示：

#systemctl start httpd.service　　　　　\\启动 apache

#systemctl stop httpd.service　　　　　\\停止 apache

#systemctl restart httpd.service　　　　\\重启 apache

#systemctl enable httpd.service　　　　　\\设置 apache 开机启动

2.Apache 配置文件

Apache 用户通过编辑 Apache 的主配置文件/etc/httpd/conf/httpd.conf 来配置 Apache 的运行参数。httpd.conf 配置文件包含各种影响服务器运行的配置选项，只有对这些配置选项有所理解，才能真正掌握 Apache 服务器的配置。

主配置文件可包含类似/etc/httpd/conf.d/*.conf 格式的配置文件，通过指令 Include/IncludeOptional 定义包含的配置文件。

配置文件的格式需参照如下语法。

• 每一行包含一个指令，在行尾使用反斜杠"\"可以表示续行。

• 配置文件中的指令不区分大小写，但是指令的参数（argument）通常区分大小写。

• 以"#"开头的行被视为注解并在读取时被忽略。注解不能出现在指令的后边。

● 空白行和指令前的空白字符将在读取时被忽略，因此可以采用缩进以保持配置层次的清晰。

Apache 的安装还可采用编译安装。编译安装分为静态编译和动态编译两种方式。静态编译可将核心模块和所需要的模块一次性编译，运行速度快，但是如果要增加或删除模块必须重新编译整个 Apache。动态编译只编译核心模块和 DSO（动态共享对象）模块——mod.so，各模块可独立编译，并可随时用 LoadModule 指令加载，用于特定模块的指令可以用<IfModule> 指令包含起来，使之有条件地生效，但是运行速度稍慢。

可通过如下命令查看 Apache 的编译参数，如图 11-4 所示。

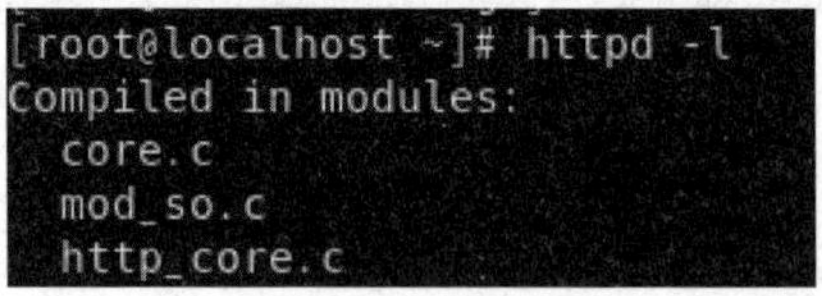

```
[root@localhost ~]# httpd -l
Compiled in modules:
  core.c
  mod_so.c
  http_core.c
```

图 11-4　查看 Apache 编译参数

httpd.conf 配置文件中所有配置语句都以"配置参数名称 参数值"的形式存在，配置语句可放在文件中的任何位置。

对于 httpd.conf 中被注释掉的配置参数，用户可根据自己的需要将已注释掉的配置语句取消注释（删除注释符号即可）。

下面对配置文件中的一些比较重要的选项和参数进行讲解。

ServerTokens OS：告知客户端 Web 服务器的版本与操作系统。

ServerRoot /etc/httpd：用于指定 Apache 服务器的根目录，即守护进程 httpd 的运行目录。默认指定/etc/httpd 目录为 Apache 服务器的根目录。

Timeout 120：定义客户端和服务器交互的超时间隔，超过这个间隔时间（单位为秒）后服务器将断开与客户机的连接，默认值 120 秒。

KeepAlive Off：用于设置客户端与服务器是否保持活跃的连接，即如果将 KeepAlive 设置为 On，那么来自同一客户端的请求就不需要多次连接，避免每次请求新建一个连接，使单个的 TCP 连接在多个 HTTP 请求与响应中保持打开状态。默认设置为 Off。

MaxKeepAliveRequests 100：可用于优化 KeepAlive 的功能，在保持 KeepAlive 连接状态时，每次连接最多处理 100 个请求。

KeepAliveTimeout 15：KeepAlive 连接的时间条件，在该次 KeepAlive 连接后 15 秒内没有收到新的请求则中断连接，默认为 15 秒。KeepAliveTimeout 值的设置需要根据服务器的配置、网站的流量、服务器的负载等实际情况进行设置。如果设置时间过短，如设置 1 秒，会频繁重新建立新连接，对服务器造成资源耗费；如果设置时间过长，如设置 600 秒，会有很多无用的连接占用服务器的资源。

```
<IfModule prefork.c>          \\设置使用 perfork MPM 运行方式的参数
StartServers        10    \\服务器启动时，运行 10 个 httpd 进程
MinSpareServers     6         \\最小的备用程序数量为 6
MaxSpareServers     18        \\最大的备用程序数量为 18
ServerLimit         256       \\服务器允许的进程数上限为 256
MaxClients          256       \\服务器允许启动的最大进程数为 256
MaxRequestsPerChild   4000    \\服务进程允许的最大请求数为 4000
</IfModule>
<IfModule worker.c>
StartServers        2         \\服务器启动的服务进程数量为 2
MaxClients          150       \\服务器允许启动的最大进程数为 150
MinSpareThreads     20    \\保留的最小工作线程数目为 20
MaxSpareThreads     75    \\允许保留的最大工作线程数目为 75
ThreadsPerChild     25        \\每个服务进程中的工作线程常数为 25
MaxRequestsPerChild   0     \\服务进程允许的最大请求数不限
</IfModule>
```

Listen 80：用于设置服务器的监听端口，默认设置监听 80 端口，可以根据需要绑定 Apache 服务器到特定的 IP 地址或端口。

LoadModule authe_basic_module modules/mod_auth_basic.so：在配置文件中，用户会看到许多这样的配置选项，这些选项是加载模块的配置选项，默认 Apache 已加载了许多模块。

Include conf.d/*.conf：用于设置从哪些配置目录中加载配置文件。

ServerAdmin root@localhost：用于设置服务器管理员的邮箱账号，默认设置为 root@ localhost。当服务器发生问题时，Apache 服务器会将错误消息邮件发送到用户所设置的服务器管理员邮箱内。

ServerName www.example.com:80：用于设置访问的主机名和端口号，也可以设置为主机的 IP 地址。"#"表示关闭此功能，默认指定主机名为 www.example.com，端口号为 80。

DocumentRoot " /var/www/html "：指定 Apache 服务器默认存放网页文件的目录位置，这个值可以根据自己的需要进行更改，默认设置为 /var/www/html 目录。

<Directory />　　　　　\\设置根目录的访问权限

Options　FollowSymLinks　　\\用来设置区块的功能，此处是允许符号链接的文件

AllowOverride None　　\\决定是否可取消以前设置的访问权限，此处禁止读取". htaccess"文件中的内容

</Director>

<Directory " /var/www/html " >

　Options Indexes FollowSymLinks

\\Options 选项有两个值，Indexes 表示的是如果当前目录中找不到 DirectoryIndex 列表中指定的默认文件就显示当前目录结构；FollowSymLinks 为允许网页文件软链接以访问不在本目录下的文件

　AllowOverride None　　\\禁止读取 " .htaccess " 配置文件的内容

　Order allow,deny \\指定先执行 Allow（允许访问）规则，再执行 Deny（拒绝访问）规则

　Allow from all　　\\设置 Allow 访问规则，允许所有连接

</Directory>

DirectoryIndex index.html index.html.var

设置每个目录中默认文档的文件名称，其先后顺序具有优先性。一般来说是以 index.*为文档名开头。

AccessFileName .htaccess：用于指定保护目录设置文件的文件名称，默认为.htaccess。

ErrorLog：用于记录浏览器加载网页时发生的错误，以及关闭或启动 httpd 服务的信息，用于定义访问网页的错误信息所记录的文件路径，默认指定存放为 logs/error_log 目录中。

LogLevel：用于记录错误日志文件 error_log 中的消息等级。可能的值包括 debug、info、notice、warn、error、alert、emerg、crit。默认日志消息等级为 warn（logLevel）。

CustomLog logs/access_log combined：用于设置访问控制日志的路径。

ServerSignature On：服务器会在自行生成的网页中加上服务器的版本与主机名称，若为 Off 时则不加，当为 E-mail 时，则不仅会加上版本与主机名，还会再加上 ServerAdmin 配置选项中设置的邮件地址。该选项默认为 On。

Alias/icons/ " /var/www/icons/ "：该配置选项是为某一目录建立别名，其格式为"Alias 别名 真实名"。该配置选项默认为/var/www/icons/，设置别名为/icons/。

httpd.conf 配置文件中对虚拟主机的配置参考如下：用户可以通过设置虚拟主机以在一个主机上运行多个网站，一般使用基于域名的虚拟主机。虚拟主机标记块模板如图 11-5 所示：

```
#<VirtualHost *:80>
#    ServerAdmin webmaster@dummy-host.example.com
#    DocumentRoot /www/docs/dummy-host.example.com
#    ServerName dummy-host.example.com
#    ErrorLog logs/dummy-host.example.com-error_log
#    CustomLog logs/dummy-host.example.com-access_log common
#</VirtualHost>
```

图 11-5　虚拟主机标记块模板

其中<Virtualhost*:80>中的*符号代表虚拟机的 IP 地址，80 代表的是端口号。虚拟标记块中的 ServerAdmin 配置选项指定管理员邮箱地址；DocumentRoot 配置选项用来指定存放网页的目录路径；ServerName 配置选项用来设置虚拟主机的名称；Errorlog 配置选项指定保存错误信息的日志文件路径；CustomLog 配置选项指定访问日志文件路径。

3.配置和管理虚拟主机

虚拟主机是现在很常用的技术，一个服务器如果只存放一个公司的网页将存在资源的浪费，所以通常情况下一个服务器上存放多个公司的网站，服务器如果要区分用户访问哪个网站可通过虚拟主机技术实现访问不同的网站。虚拟机主机有基于域名、基于 IP、基于端口三种方法，基于域名的虚拟主机技术使用居多，因为现在 IPv4 的公网 IP 地址已远不够用，如果一个网站占用一个 IPv4 公网 IP 地址，就会浪费 IP 地址资源，使用基于域名的虚拟主机就可以避免这种浪费。

虚拟主机的优点如下。

（1）节约成本。利用虚拟主机技术可在一台计算机中建立多个虚拟主机，都分别提供 Web 服务，这样不必购买多台计算机，也不必另外安装线路，更不需要增加管理人员，所以就大大节省了人力和物力。

（2）稳定的性能。采用虚拟主机技术可以使企业级网站获得更稳定的性能。传统的企业级网站只能通过某一家 ISP 接入，如果这家 ISP 供应商出现故障，用户就会受到影响。而采用虚拟主机技术，可以借助服务器的多路由获得更加稳定的性能。大多数虚拟主机服务商所依赖的主干网一般不止一条，这可以保证系统不受某一家 ISP 供应商的影响。

①基于 IP 的虚拟主机：

基于 IP 地址的虚拟主机在服务器里绑定了多个 IP，然后配置 Apache 服务器，将多个网站绑定在不同的 IP 地址上，访问服务器上的不同 IP 地址就可以进入不同的网站。

通过 nmtui 工具给虚拟机配置多个 IP 地址，如下所示：

[root@localhost ~]# nmtui

在打开的界面中通过小键盘中的箭头选择"编辑连接"，如图 11-6 所示。

图11-6　编辑连接

　　进入如下所示界面可以看到虚拟机中的网卡，如图所示是"ens160"，通过 tab 键选到"编辑"回车，进入网卡配置界面，如图 11-7 所示。

图11-7　编辑连接选择网卡

　　在"编辑连接"界面中，通过 tab 键定位到"IPv4 配置"后的"自动"，回车，如图 11-8 所示。

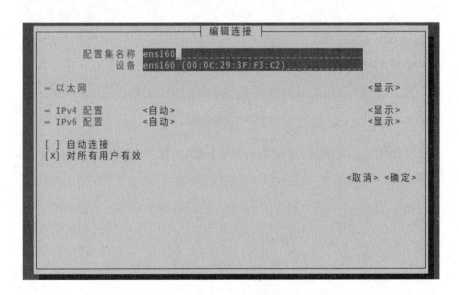

图11-8　设置IP地址

选择"手动"，如图 11-9 所示。

图11-9　设置IP地址

Tab 键定位到"显示"，回车，如图 11-10 所示。

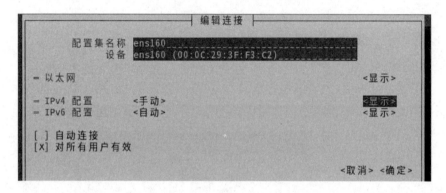

图11-10　设置IP地址

配置如图所示的两个 IP 地址：192.168.0.4 和 192.168.0.6，确定，如图 11-11 所示。

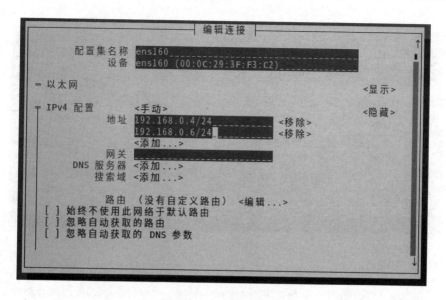

图11-11　设置IP地址

并且在 nmtui 工具中通过"启用连接"使 IP 配置生效，如图 11-12 所示。

图11-12　启用连接

通过 ip addr show 查看配置的 IP 地址，如图 11-13 所示。

```
[root@localhost ~]# ip addr show
1: lo: <LOOPBACK,UP,LOWER_UP> mtu 65536 qdisc noqueue state UNKNOWN group defaul
t qlen 1000
    link/loopback 00:00:00:00:00:00 brd 00:00:00:00:00:00
    inet 127.0.0.1/8 scope host lo
       valid_lft forever preferred_lft forever
    inet6 ::1/128 scope host
       valid_lft forever preferred_lft forever
2: ens160: <BROADCAST,MULTICAST,UP,LOWER_UP> mtu 1500 qdisc mq state UP group de
fault qlen 1000
    link/ether 00:0c:29:3f:f3:c2 brd ff:ff:ff:ff:ff:ff
    inet 192.168.0.4/24 brd 192.168.0.255 scope global noprefixroute ens160
       valid_lft forever preferred_lft forever
    inet 192.168.0.6/24 brd 192.168.0.255 scope global secondary noprefixroute e
ns160
       valid_lft forever preferred_lft forever
    inet6 fe80::20c:29ff:fe3f:f3c2/64 scope link noprefixroute
       valid_lft forever preferred_lft forever
```

图 11-13　查看 IP 地址

例如，建立/var/www/bj、/var/www/sh 目录，分别用于存放 bj.amy.com、sh.amy.com 这两个网站，对应的 IP 地址分别为 192.168.0.4 和 192.168.0.6。bj.amy.com 网站的 ErrorLog 位于根目录/etc/httpd 下的子目录 logs 中，命名为 bj-error_log；CustomLog 位于根目录/etc/httpd 下的子目录 logs 中，命名为 bj-access_log。sh.amy.com 网站的 ErrorLog 位于根目录/etc/httpd 下的子目录 logs 中，命名为 sh-error_log；CustomLog 在根目录/etc/httpd 下的子目录 logs 中，命名为 sh-access_log。

创建网站数据目录以及网站首页数据：

[root@localhost ~]# mkdir /var/www/bj

[root@localhost ~]# mkdir /var/www/sh

[root@localhost ~]# echo bj > /var/www/bj/index.html

[root@localhost ~]# echo sh > /var/www/sh/index.html

修改 Apache 服务器的主配置文件 httpd.conf，设置基于 IP 地址的虚拟主机。这里配置两个基于 IP 地址的虚拟主机，如图 11-14 所示：

```
<VirtualHost 192.168.0.4:80>
DocumentRoot /var/www/bj
ServerName bj.amy.com
ErrorLog logs/bj-error_log
CustomLog logs/bj-access_log common
</VirtualHost>
<VirtualHost 192.168.0.6:80>
DocumentRoot /var/www/sh
ServerName sh.amy.com
ErrorLog logs/sh-error_log
CustomLog logs/sh-access_log common
</VirtualHost>
```

图 11-14　基于 IP 地址的虚拟主机

　　配置文件修改完毕后，保存并退出，建立两个网站对应的目录 /var/www/bj 及 /var/www/sj，并在目录中建立网页测试文件。重新启动 Apache 服务器，进行测试：

[root@localhost ~]# systemctl restart httpd

　　在终端可通过 curl 命令进行访问测试，如图 11-15 所示，返回对应网页的数据。

```
[root@localhost ~]# curl http://192.168.0.4/index.html
bj
[root@localhost ~]# curl http://192.168.0.6/index.html
sh
```

图 11-15　访问测试

　　也可使用浏览器测试，由于在本机测试，可在 /etc/hosts 文件中加入域名与 IP 地址之间的对应关系，如图 11-16 所示：

```
127.0.0.1      localhost localhost.localdomain localhost4 localhost4.localdomain4
::1            localhost localhost.localdomain localhost6 localhost6.localdomain6
192.168.0.4 bj.amy.com
192.168.0.6 sh.amy.com
```

图 11-16　/etc/hosts 文件

　　通过 Mozilla Firefox 来访问网页，如图 11-17 和图 11-18 所示。

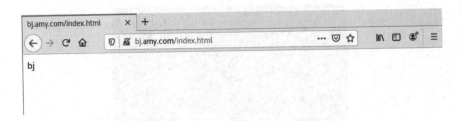

图11-17　访问bj.amy.com的主页

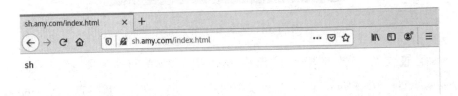

图11-18　访问sh.amy.com的主页

②基于域名的虚拟主机：

基于域名的虚拟服务器只配置一个 IP 地址，却可在服务器上创建多台虚拟主机，这个 IP 地址是所有的虚拟主机共享使用，通过域名区分各个虚拟主机。Web 服务器收到 HTTP 包含 DNS 域名的访问请求时，会根据不同的 DNS 域名来访问不同的网站。

例如，根据本章项目任务，要在公司总部搭建一台 Apache 服务器，发布总公司和分公司网页（总公司、子公司都有自己独立的网站），按照项目要求配置 Apache 服务器。

设置本机 IP 地址为 192.168.0.2。通过 vi 编辑器打开配置文件 httpd.conf，启用基于域名的虚拟主机，然后设置基于域名的虚拟主机如图 11-19 所示：

```
<VirtualHost 192.168.0.2:80>
ServerAdmin root@amy.com
DocumentRoot /var/www/bj
ServerName bj.amy.com
ErrorLog logs/bj-error_log
CustomLog logs/bj-access_log common
</VirtualHost>
<VirtualHost 192.168.0.2:80>
ServerAdmin root@amy.com
DocumentRoot /var/www/sh
ServerName sh.amy.com
ErrorLog logs/sh-error_log
CustomLog logs/sh-access_log common
</VirtualHost>
<VirtualHost 192.168.0.2:80>
ServerAdmin root@amy.com
DocumentRoot /var/www/cs
ServerName cs.amy.com
ErrorLog logs/cs-error_log
CustomLog logs/cs-access_log common
</VirtualHost>
```

图 11-19　基于域名的虚拟主机

配置文件 httpd.conf 修改完毕后，保存并退出。建立这三个网站对应的文档目录/var/www/bj、/var/www/sh、/var/www/cs，并在三个目录中建立测试网页。

由于在本机测试，可在/etc/hosts 文件中加入域名与 IP 地址之间的对应关系，如图 11-20 所示。

```
文件(F)　编辑(E)　查看(V)　搜索(S)　终端(T)　帮助(H)
127.0.0.1     localhost localhost.localdomain localhost4 localhost4.localdomain4
::1           localhost localhost.localdomain localhost6 localhost6.localdomain6
192.168.0.2 bj.amy.com
192.168.0.2 sh.amy.com
192.168.0.2 cs.amy.com
```

图11-20　/etc/hosts文件的修改

重新启动 Apache 服务器，使修改的配置文件生效：

[root@localhost ~]# systemctl restart httpd

通过 Mozilla Firefox 访问网页，如图 11-21 至图 11-23 所示。

图11-21 访问sh.amy.com

图11-22 访问bj.amy.com

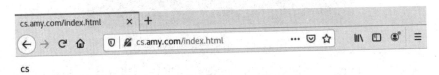

图11-23 访问cs.amy.com

11.2 基于认证的 Apache

11.2.1 访问控制

在 Apache 服务器中可以通过 order allow deny 原则进行目录和文件权限访问控制，设定网站允许哪些 IP 地址访问，禁止哪些 IP 地址访问。

order 指令：用于指定执行允许访问控制规则或拒绝访问控制规则的顺序。格式一般如下：

order allow,deny   //先设置允许的访问地址

order deny,allow   //先设置禁止访问的地址

order 选项用于定义默认的访问权限与 allow 与 deny 语句的处理顺序。Apache 可设置基于目录和文件级别的访问控制，控制访问权限时可写域名，

可写以 "." 开头的主机，可以写网段，可以写具体 IP。

allow,deny：优先匹配 allow 语句，再匹配 deny 语句，默认禁止所有客户机的访问。如果某条件同时匹配 deny 语句和 allow 语句，则 deny 语句生效。

deny,allow：优先匹配 deny 语句，再匹配 allow 语句，默认允许所有客户机的访问。如果某条件同时匹配 deny 语句和 allow 语句，则 allow 语句生效。

例如，bj.amy.com 网站有非常重要的子目录/security，里面的内容仅允许来自 192.168.0.5 的主机访问，其余全部拒绝。参照如下 order allow deny 语句配置。Order allow deny 放在<Directory /var/www/bj/security></Directory>中间，说明此语句是对这个目录生效。deny from all 代表拒绝所有，all from 192.168.0.5 代表只允许 IP 地址为 192.168.0.5 的机器访问，如图 11-24 所示。

```
<VirtualHost 192.168.0.2:80>
ServerAdmin root@amy.com
DocumentRoot /var/www/bj
<Directory /var/www/bj/security>
order deny,allow
deny from all
allow from 192.168.0.5
</Directory>
ServerName bj.amy.com
ErrorLog logs/bj-error_log
CustomLog logs/bj-access_log common
</VirtualHost>
```

图 11-24　order allow deny 设置

同时访问至/var/www/bj 目录，并创建 security 目录：

[root@localhost ~]# cd /var/www/bj

[root@localhost bj]# mkdir security

在目录中，创建测试网页文件 test.html:

[root@localhost bj]# cd /var/www/bj/security/

[root@localhost security]# echo test > test.html

重启 Apache 服务器使配置文件生效，在 IP 地址不是 192.168.0.5 的机器上访问这个目录的结果如图 11-25 所示。

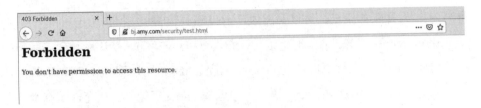

Forbidden

You don't have permission to access this resource.

图11-25 order allow deny测试页面

在 Apache 2.4 版本中，访问控制是基于客户端的主机名、IP 地址以及客户端请求中的其他特征，使用 order、allow、deny 指令来实现。在 Apache2.4 版本中，使用 mod_authz_host 新模块实现访问控制，其他授权检查也以同样的方式完成。当然 Apache 也提供了 mod_access_compat 新模块兼容旧语句。

如上所示的案例如果用新的访问控制指令设置只允许 IP 地址为 192.168.0.5 的机器访问 security 目录，如图 11-26 所示：

```
<VirtualHost 192.168.0.2:80>
ServerAdmin root@amy.com
DocumentRoot /var/www/bj
<Directory /var/www/bj/security>
require ip 192.168.0.5
</Directory>
ServerName bj.amy.com
ErrorLog logs/bj-error_log
CustomLog logs/bj-access_log common
</VirtualHost>
```

图 11-26 访问控制设置

常见的 Apache Require 指令如下所示：

require all granted   //允许所有

require all denied   //拒绝所有

.require ip 10 172.20 192.168.2   //允许特定 IP

11.2.2 别名设置

别名是一种将文档根目录以外的内容加入站点访问的方法，别名使用语法如下：

Alias /Webpath /full/filesystem/path

//将以/Webpath 开头的 URL 映射到/full/filesystem/path 中的文件

可使用<Directory>配置对别名目录的访问权限，示例如图 11-27 所示：

```
Alias /icons/ "/var/www/icons/"

<Directory "/var/www/icons">
    Options Indexes MultiViews
    AllowOverride None
    Order allow,deny
    Allow from all
</Directory>
```

图 11-27　别名示例

例如，sh.amy.com 网站有个子目录/down，可基于别名实现对于资源的下载。资源存放在/var/www/xinxi 目录中，设置参照如图 11-28 示：

图 11-28　别名设置

可在/var/www/xinxi 目录中新建 test 空文件用于测试，重启 Apache 服务器使配置文件生效，然后进行访问测试，如图 11-29 所示。

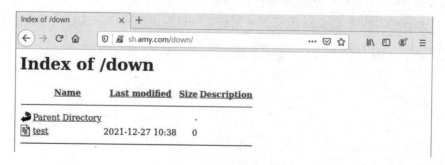

图11-29　别名测试页面

221

11.2.3 用户认证

用户认证是网络安全的基础，通过用户认证可以控制所有登录，检查访问用户是否合法，只有通过服务器认证的用户才能以合法权限访问网络资源，用户认证后，网络用户在访问共享资源时，在浏览器中就会弹出一个对话框要求输入用户和密码，若网络用户输入的用户名和密码是对应的，则可以访问共享资源，否则视为非法用户，服务器将不为该用户提供该项服务。

例如，sh.amy.com 网站有个子目录/down，设定只有经过认证的用户才可以登录下载，认证的用户名为 xinxi，密码为 123456。

认证步骤如下所示：

STEP 1 首先创建认证数据库，并通过 cat 命令进行查看。

命令格式：htpasswd [选项]文件名 用户名

htpasswd 命令的常用参数，具体说明如下。

-c：创建一个新文件。

-m：用 md5 加密。

注意：第二次再用-c 会覆盖原来的文件，所以第二次添加用户时要用-m。

[root@localhost ~]# htpasswd -cm /etc/httpd/httppasswd xinxi

New password:

Re-type new password:

Adding password for user xinxi

[root@localhost ~]# cat /etc/httpd/httppasswd

xinxi:$apr1$fTBMGxmw$564GN9qcjT5DgiJGRHRns/

STEP 2 打开 Apache 服务器的配置文件，在虚拟模块中进行认证文件引用，如图 11-30 所示。

图 11-30 认证文件引用

注意：这里设置的要求是访问目录，需要在目录段加上 options indexes 字段，否则认证成功也不能访问目录。

*Authtype:认证类型，Basic 是 Apache 自带的基本认证。

*Authname:认证名字，是提示你输入密码的对话框中的提示语。

*Authuserfile:是存放认证用户的文件。

*require user:允许指定的一个或多个用户访问，后面可跟具体的用户名。

*require valid-user:所有认证文件里面的用户都可以访问。

*require group:授权给一个组。

STEPE3 重启 Apache 服务使配置文件生效。

STEPT4]访问 shamycom 网站的子目录/down，出现登录框，输入正确的用户名和密码后

即可登录，如图 11-31 所示。

图11-31　用户认证测试页面

STEPE5 如果认证的是几个用户或一个组用户，则可写成如下形式：

require user user1 user2

require group group1 group2

STEPE6 如认证的用户是一组用户，可参看如下设置，加入 AuthGroupFile 字段，值设置为对应的文件，require group 字段后设置的是组名，如图 11-32 所示。

```
Alias /down "/var/www/xinxi"
<VirtualHost 192.168.0.7:80>
ServerAdmin root@amy.com
DocumentRoot /var/www/sh
ServerName sh.amy.com
<Directory /var/www/xinxi>
options indexes
authname "test"
authtype basic
authuserfile /etc/httpd/httppasswd
authgroupfile /etc/httpd/group1
require group group1
</Directory>
ErrorLog logs/sh-error_log
CustomLog logs/sh-access_log common
</VirtualHost>
```

图 11-32　认证组文件引用

访问刚才设置组用户文件的对应目录，建立组用户文件 group1，如下所示：

[root@localhost ~]# cd /etc/httpd

[root@localhost httpd]# vi group1

新添加认证用户 yy，并通过 cat 命令进行查看，如图 11-33 所示。

```
[root@localhost httpd]# htpasswd -m /etc/httpd/httppasswd yy
New password:
Re-type new password:
Adding password for user yy
[root@localhost httpd]# cat /etc/httpd/httppasswd
xinxi:$apr1$WoCmLTh/$YdtYb4o/c9Y/x0zEC2ko70
yy:$apr1$IM7OO1/w$jwZnZ5kKBnnjb7ouhY3Td1
```

图 11-33　新加认证用户 yy 并查看

vi 编辑器编辑组用户文件 vi group1，设置前面步骤中已经建立的 xinxi 和 yy 用户为 group1 的成员，如下所示：

group1:xinxi yy

重启 Apache 服务，然后用 group1 里的成员进行测试登录即可。

11.2.4 Apache 日志管理

Apache 日志文件分为错误日志和访问日志两种类型。错误日志，选项 error_log，用于记录 Apache 服务器启动和运行时发生的错误。访问日志，选项 access_log，用于记录客户端所有的访问信息，在访问日志中可以查看客户端用户在什么时间段访问了哪些文件等信息。

Apache 服务器默认日志格式中，每一行代表一个请求，每行包含主机、验证用户、日期、标识性检查、客户机提交的请求、发送对象的字节数以及发送给客户机的状态等多个字段。通过对 httpd.conf 文件中对应选项值的修改，可以更改日志的格式以适应不同用户的管理方式。

借助于 LogFormat 和 CustomLog 命令，用户可以根据自己的需要定义日志记录，添加更多可显示细节的日志字段（即日志文件记录格式说明符），其中各字段说明如表 11-1 所示。

表 11-1　Apache 日志字段说明

格式说明	描述
%a	远程 IP 地址
%A	本地 IP 地址
%b	所发送的字节数，不包含 http 头
%{variable}e	Variable 环境变量的内容
%h	远程主机

%f	文件名
%m	请示方法
%l	远程登录名
%r	请求的第一行
%t	时间，按照默认的格式
%U	请求的 URL 路径
%v	请求的服务器名称
%P	服务请求的子进程 ID
%p	服务器响应请求时使用的端口
%s	状态
%u	远程用户

在 Apache 中与日志相关的配置参数有以下 4 条：

1.ErrorLog

格式：ErrorLog 错误日志文件名

功能：用于标志错误日志文件的存放位置

2.LogLevel

格式：LogLevel 错误日志记录等级

功能：用于设置错误日志的记录等级

3.LogFormat

格式：LogFormat 指定格式 说明格式名称

功能：用于设置日志记录格式并命名

4.CustomLog

格式：CustomLog 访问日志文件名 格式名称

功能：用于指定访问日志的存放位置和格式

Apache 服务器的日志文件保存在 /var/log/httpd 目录下，可以通过 /etc/httpd/logs 目录来访问这些日志文件，accesss_log 文件记录访问网页的时间以及浏览者的 IP 地址或域名等信息，Error_log 文件主要记录 httpd 服务关闭或者启动的时间以及访问网页发生错误时的状况。这两个文件都会随着访问量的增加而增加，管理员要适时处理日志文件，以免占用过多空间，造成资源的浪费。

1.配置错误日志

通过 ErrorLog 和 LogLevel 两个参数即可配置错误日志。配置错误日志只需说明日志文件的存放位置和日志记录等级即可，错误日志等级如表 11-2 所示。

表 11-2　Apache 错误日志说明

紧急程度	等级	功能说明
1	Emerg	出现紧急情况，系统不可用，如系统宕机等
2	Alert	需立即引起注意的情况
3	Crit	危险情况的警告
4	Error	除了 emerg、alert、crit 的其他错误
5	Warn	警告信息
6	Notice	需引起注意的情况，不如 error 及 warn 重要
7	Info	值得报告的一般消息
8	Debug	由运行于 debug 模式的程序所产生的信息

配置错误日志文件应在/etc/httpd/conf/httpd.conf 文件中添加如下语句：

ErrorLog logs/error_log

LogLevel warn

2.配置访问日志

Apache 的访问日志按记录信息的不同分为四种格式以方便日志分析，在 Apache 的默认配置文件中，由 LogFormat 配置参数定义名称，其格式分类如下所示：

（1）普通日志格式 common

功能：大多数日志分析软件都支持这种格式

（2）参考日志格式 referrer

功能：记录客户访问站点的用户身份

（3）代理日志格式 agent

功能：记录请求的用户代理

（4）综合日志格式 combined

功能：以上 3 种日志信息的综合

由于综合日志格式将 3 种日志信息简单地结合在一起，因此在配置访问日志时，可以选择使用 3 个文件分别记录日志，或是通过一个综合文件记录日志。

若使用 3 个文件分别记录日志，则应在"/etc/httpd/conf/httpd.conf"配置文件中按如下方式配置：

LogFormat " %h %l %u %t \ " %r\ " %>s %b " common

LogFormat " %{Referer}i-> %U " referrer

LogFormat " %{User-agent}I " agent

CustomLog logs/access_log common

CustomLog logs/referer_log referrer

CustomLog logs/agent_log agent

若使用一个综合文件记录日志时，则在"/etc/httpd/conf/httpd.conf"配置文件中按如下方式配置，也是 Apache 的默认配置：

LogFormat %h %l %u %t \ " %r\ " %>s %b \ " %{Referer}i\ " \ " {User-Agent}i\ " " combined

CustomLog logs/access_log combined

如图 11-34 所示为访问日志的部分记录：

```
[root@localhost httpd]# cd /etc/httpd/logs/
[root@localhost logs]# cat bj-access_log
192.168.0.4 - - [27/Dec/2021:09:49:14 -0500] "GET /index.html HTTP/1.1" 200 3
192.168.0.4 - - [27/Dec/2021:09:50:14 -0500] "GET /index.html HTTP/1.1" 200 3
192.168.0.4 - - [27/Dec/2021:09:50:14 -0500] "GET /favicon.ico HTTP/1.1" 404 196
192.168.0.2 - - [27/Dec/2021:10:04:22 -0500] "GET /index.html HTTP/1.1" 304 -
192.168.0.2 - - [27/Dec/2021:10:23:21 -0500] "GET /index.html HTTP/1.1" 304 -
192.168.0.2 - - [27/Dec/2021:10:23:37 -0500] "GET /security/test.html HTTP/1.1"
403 199
192.168.0.2 - - [27/Dec/2021:10:32:55 -0500] "GET /security/test.html HTTP/1.1"
403 199
192.168.0.2 - - [27/Dec/2021:10:33:42 -0500] "GET /security/test.html HTTP/1.1"
404 196
192.168.0.2 - - [27/Dec/2021:10:34:05 -0500] "GET /security/test.html HTTP/1.1"
200 5
192.168.0.2 - - [27/Dec/2021:10:37:48 -0500] "GET /security/test.html HTTP/1.1"
200 5
192.168.0.2 - - [27/Dec/2021:10:37:56 -0500] "GET /down HTTP/1.1" 404 196
192.168.0.2 - - [27/Dec/2021:10:38:55 -0500] "GET /down HTTP/1.1" 404 196
```

图 11-34　访问日志部分记录

从以上的日志记录的正数第二条可以看出，IP 地址为 192.168.0.4 的主机在 2021 年 12 月 27 日 9 时 50 分访问过本机的 index.html 网页。

11.3　Apache 的应用

　　在 Linux 中，为了方便用户快速开发高效率的动态 Web 站点，集成了 PHP3 等多种动态 Web 站点开发方案，用户可以根据自己的需要选择适合自己的方案。

11.3.1 安装和管理 MariaDB 数据库服务器

　　动态 Web 站点的运行需要用到数据库服务器来存储数据。它以后台运行的数据库管理系统为基础，加上一定的前台应用程序，被广泛地应用在网站、搜索引擎等各个方面。例如：网站后端通过数据库存储网站所有数据，因此构建强大的动态网站需要掌握好数据库技术。其中，MySQL 是目前最流行的开放源码数据库服务器之一，Red Hat Enterprise Linux 6 之前的版本一般是采用 MySQL 作为数据库服务器，而 Red Hat Enterprise Linux 7 默认提供 MariaDB 而非 MySQL。MariaDB 是由原来 MySQL 的作者 Michael Widenius 创办的公司开发的免费开源的数据库服务，是采用 Maria 存储引擎的 MySQL 分支版本，与 MySQL 相比较，MariaDB 更强的地方在于二者支持的引擎不同。通常可以通过 show engines 命令来查看两种数据库服务器支持的不同引擎。MariaDB 占用的端口为 3306。

　　通过 Yum 安装 MariaDB，如下所示：

[root@localhost ~]# yum install mariadb mariadb-server

　　常用的 MariaDB 管理命令如下所示：

#systemctl start mariadb　　　　　　　　　　\\启动 MariaDB

#systemctl stop mariadb　　　　　　　　　　 \\停止 MariaDB

#systemctl restart mariadb　　　　　　　　　\\重启 MariaDB

#systemctl enable mariadb　　　　　　　　　 \\设置开机启动

　　安装完毕并成功启动后先不要立即使用。为了确保数据库的安全性和正常运转，需要先对数据库进行初始化，如下所示：

[root@localhost 桌面]# mysql_secure_installation

　　…

In order to log into MariaDB to secure it, we'll need the current

password for the root user. If you've just installed MariaDB, and

you haven't set the root password yet, the password will be blank,

so you should just press enter here.

Enter current password for root （enter for none）： \\输入 root 密码，回车即可

OK, successfully used password, moving on...

Setting the root password ensures that nobody can log into the MariaDB

root user without the proper authorisation.

Set root password? [Y/n] y   \\设置 root 密码吗，输入 y 即可

New password: \\输入密码，不会有任何显示

Re-enter new password: \\再次输入密码，不会有任何显示

Password updated successfully!

Reloading privilege tables..

... Success!

By default, a MariaDB installation has an anonymous user, allowing anyone

to log into MariaDB without having to have a user account created for

them. This is intended only for testing, and to make the installation

go a bit smoother. You should remove them before moving into a

production environment.

Remove anonymous users? [Y/n] y   \\是否移除匿名用户，输入 y 即可

    ... Success!

Normally, root should only be allowed to connect from 'localhost'. This

ensures that someone cannot guess at the root password from the network.

Disallow root login remotely? [Y/n] y   \\是否不允许 root 远程登录，输入 y 即可

... Success!

By default, MariaDB comes with a database named 'test' that anyone can
access. This is also intended only for testing, and should be removed
before moving into a production environment.

Remove test database and access to it? [Y/n] y \\是否删除 test 数据库及访
问权限，输入 y 即可

  - Dropping test database...

... Success!

  - Removing privileges on test database...

... Success!

Reloading the privilege tables will ensure that all changes made so far
will take effect immediately.

Reload privilege tables now? [Y/n] y   \\重新加载权限表吗？输入 y 即可

... Success!

Cleaning up...

All done! If you've completed all of the above steps, your MariaDB
installation should now be secure.

Thanks for using MariaDB!

通过 mysql‐u root‐p 输入密码登录数据库，在命令行下显示 mysql 中
所有的数据库 show databases。查看当前数据库的命令如图 11-35 所示：

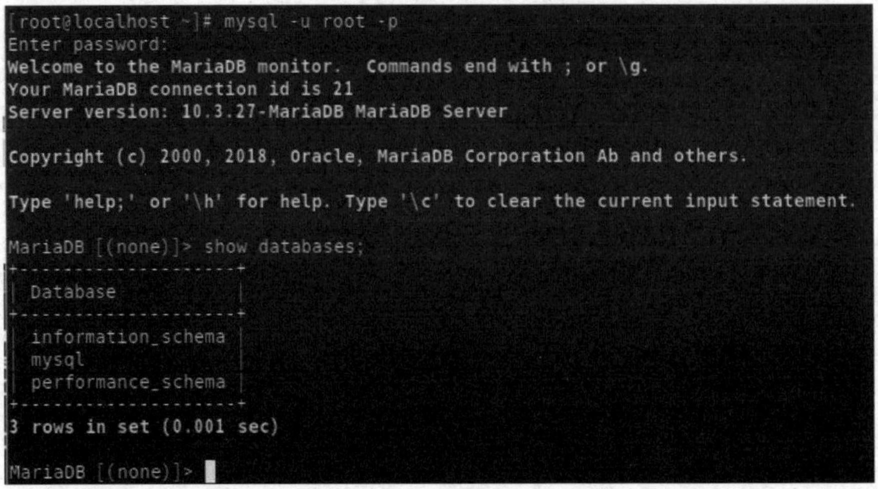

```
[root@localhost ~]# mysql -u root -p
Enter password:
Welcome to the MariaDB monitor.  Commands end with ; or \g.
Your MariaDB connection id is 21
Server version: 10.3.27-MariaDB MariaDB Server

Copyright (c) 2000, 2018, Oracle, MariaDB Corporation Ab and others.

Type 'help;' or '\h' for help. Type '\c' to clear the current input statement.

MariaDB [(none)]> show databases;
+--------------------+
| Database           |
+--------------------+
| information_schema |
| mysql              |
| performance_schema |
+--------------------+
3 rows in set (0.001 sec)

MariaDB [(none)]>
```

图 11-35　登录、查看当前数据库

1.数据库的创建和使用

在 MariaDB 中创建数据库的 SQL 语法格式如下所示：

create database 数据库名;

例如，创建一个名为 xinxi 的学生选课数据库，如下所示：

MariaDB [（none）]> create database xinxi;

创建数据库后，用如下命令查看 MariaDB 当前所有可用的数据库，如图 11-36 所示：

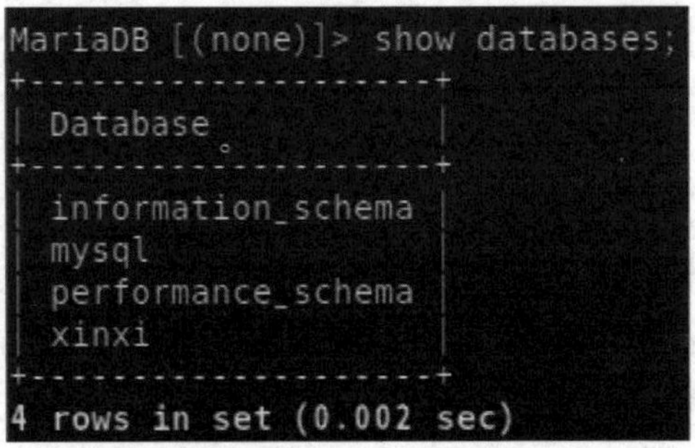

```
MariaDB [(none)]> show databases;
+--------------------+
| Database           |
+--------------------+
| information_schema |
| mysql              |
| performance_schema |
| xinxi              |
+--------------------+
4 rows in set (0.002 sec)
```

图 11-36　查看当前可用数据库

由上可知，MariaDB 中现有四个数据库，即 information_schema、mysql、performance_schema、xinxi。

2.选择数据库

选择一个数据库作为当前数据库，可使用如下命令：

use 数据库名称;

例如，选择刚才创建的 xinxi 数据库，输入如下内容，如图 11-37 所示，显示数据库已改变：

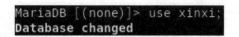

图 11-37　选择数据库

3.删除数据库

要删除一个数据库及其所有表（包含表中的数据），可使用如下命令：

drop database 数据库名称;

例如，删除前面创建的 xinxi 数据库，输入如下内容：

MariaDB [xinxi]> drop database xinxi;

4.表的创建、复制、删除和修改

在关系型数据库管理系统中，数据库由多个存储数据的表组成，每个数据库表由行和列组成，每一行为一个记录行，每个记录行包含多个列，也就是字段。

（1）创建表

CREATE TABLE 表名称（字段 1，字段 2，……，字段 n，［表级约束］）;

其中，字段 i（i=1，2，…，n）的格式为"字段名 字段类型 ［字段约束］"。字段类型用来设定某个字段的数据类型，常用的一些字段类型如表 11-3 所示。

表 11-3　常用字段类型

类型	描述
INT	整型，4 个字节
FLOAT	浮点型，4 个字节
DOUBLE	双精度浮点型，8 个字节
DATE	日期型，3 个字节
CHAR（M）	字符型，M 个字节，0<=M<=255

VARCHAR（M）	字符串型，L+1 个字节，其中 L<=M 且 0<=M<=65535
BLOB	可变二进制型，L+2 个字节，其中 L<216
TEXT	最大长度为 65535 个字符的字符串

字段约束用来限制某个字段所允许输入的数据，如表 11-4 所示为常用的字段约束。

表 11-4　常用的字段约束

约束	描述
Null（或 Not Null）	允许字段为空（或不允许字段为空），默认为 Null
Default	指定字段的默认值
Auto_Increment	设置 Int 型字段能够自动生成递增 1 的整数

表级约束用于指定表的主键、外键、索引和唯一约束，如表 11-5 所示。

表 11-5　表级约束

约束	描述
PRIMARY KEY	为表指定主键
FOREIGN KEY…REFERENCES	为表指定外键
INDEX	创建索引
UNIQUE	为某个字段建立索引，该字段的值必须唯一
FULLTEXT	为某个字段建立全文索引

例如，要在学生信息数据库中创建一个名为 student 的表（存放学生的有关信息），学号 sno、姓名 sname 字段非空，性别 sex 字段默认值为"m"，生日 birthday 字段为日期型，部门 depa 字段，主键设置为 sno，命令可如下所示：

MariaDB [（none）]> use xinxi;

Database changed

MariaDB [xinxi]> create table student（

    -> sno varchar（7） not null,

    -> sname varchar（7） not null,

    -> sex char（1） default 'm',

    -> birthday date,

    -> depa char（2），

    -> primary key（sno））;

Query OK, 0 rows affected （0.004 sec）

然后，可通过“desc student”命令查看表结构，如图 11-38 所示：

```
MariaDB [xinxi]> desc student;
+----------+------------+------+-----+---------+-------+
| Field    | Type       | Null | Key | Default | Extra |
+----------+------------+------+-----+---------+-------+
| sno      | varchar(7) | NO   | PRI | NULL    |       |
| sname    | varchar(7) | NO   |     | NULL    |       |
| sex      | char(1)    | YES  |     | m       |       |
| birthday | date       | YES  |     | NULL    |       |
| depa     | char(2)    | YES  |     | NULL    |       |
+----------+------------+------+-----+---------+-------+
5 rows in set (0.002 sec)
```

图 11-38　查看表结构

在数据库中，主键对每一行记录是不变的、唯一的标识符。本例中主键定义为字段 sno，则作为主键的字段不允许有重复值或 NULL 值。

（2）复制表

在 MariaDB 中，可以使用“create table 新表名称 like 源表名称”；SQL 语句来复制表结构。例如，将表 student 复制为另一个表 cstudent，命令可如图 11-39 所示：

```
MariaDB [xinxi]> create table cstudent like student;
Query OK, 0 rows affected (0.008 sec)

MariaDB [xinxi]> desc cstudent;
+----------+------------+------+-----+---------+-------+
| Field    | Type       | Null | Key | Default | Extra |
+----------+------------+------+-----+---------+-------+
| sno      | varchar(7) | NO   | PRI | NULL    |       |
| sname    | varchar(7) | NO   |     | NULL    |       |
| sex      | char(1)    | YES  |     | m       |       |
| birthday | date       | YES  |     | NULL    |       |
| depa     | char(2)    | YES  |     | NULL    |       |
+----------+------------+------+-----+---------+-------+
5 rows in set (0.002 sec)
```

图 11-39　复制表结构并查看

（3）删除表

MariaDB 中删除一个或多个表的 SQL 语句格式为"drop table 表名称 1 [，表名称 2，…]；"。

例如，删除表 cstudent，并通过"show tables"命令查看现存的表，如图 11-40 所示：

```
MariaDB [xinxi]> drop table cstudent;
Query OK, 0 rows affected (0.005 sec)

MariaDB [xinxi]> show tables
    -> ;
+------------------+
| Tables_in_xinxi |
+------------------+
| student         |
+------------------+
1 row in set (0.000 sec)
```

图 11-40　删除表并查看现存的表

（4）修改表

表创建后，如果想要进行添加、删除或修改字段，更改表的名称和类型等修改表结构的操作，则需要使用 alter 语句来进行，alter 语句基本格式为"alter table 表名 更改动作 1，[更改动作 2，…]；"。

更改动作关键字有 add、drop、change 等，与有关字段定义组合使用，以更改数据表中的数据。下面以一些例子说明 alter 命令的具体使用方法。

MariaDB 中添加一个字段的 SQL 语句格式为"alter table 使表名 名 te 字段 类型 其他；"。

例如，在表 student 中添加一个字段 class，类型为 varchar（10），如图 11-41 所示：

图 11-41　添加字段并查看表结构

MariaDB 中添加一个字段的 SQL 语句格式为 "alter table 使表名 名 ter 字段；"。

例如，在表 student 中删除字段 class，如图 11-42 所示：

图 11-42　删除字段

MariaDB 中修改一个字段名称及类型的 SQL 语句格式为 "alter table 型表名 名 ter e 原字段名 新字段名 类型；"。

例如，在表 student 中修改原字段名 depa 为新字段 class 并将其字段类型更改为 char（10），如图 11-43 所示：

图 11-43　修改字段

（5）表中插入数据

表结构确定之后，如需要添加数据等，则需要使用 insert 语句来进行，insert 语句基本格式为 "insert into <表名> [（ <字段名 1>[,..<字段名 n >]）] values （值 1）[,（值 n）]；"。

例如，在表中插入记录，这条记录的 sno 号为 2020001，sname 的值为

tom，sex 的值为"m"，birthday 的值为"2002-03-01"，class 的值为"xinan2001"，如图 11-44 所示：

```
MariaDB [xinxi]> insert into student values(2020001,'tom','m','2020-03-01','xinan2001');
Query OK, 1 row affected (0.002 sec)
```

图 11-44　插入数据

（6）检索表中的数据

数据插入之后，如果需要检索出表中的数据需要使用 select 语句来进行，select 语句的基本格式为"select <字段 1，字段 2，…> from < 表名 > where < 表达式 >；"

例如，检索表 student 中所有的数据，如图 11-45 所示：

```
MariaDB [xinxi]> select * from student;
+---------+-------+------+------------+-----------+
| sno     | sname | sex  | birthday   | class     |
+---------+-------+------+------------+-----------+
| 2020001 | tom   | m    | 2020-03-01 | xinan2001 |
+---------+-------+------+------------+-----------+
1 row in set (0.001 sec)
```

图 11-45　检索表数据

（7）删除表中的数据

如果需要删除表中的数据则需要使用 delete 语句来进行，delete 语句的基本格式为"delete from 表名 where 表达式；"。

例如，删除表中的所有数据，命令如下所示：

MariaDB [xinxi]> delete from student;

Query OK, 0 rows affected （0.001 sec）

11.3.2 配置 PHP 应用程序

PHP 是 PHP Hypertext Preprocessor（超级文本预处理语言）的首字母缩写，是一种 HTML 内嵌式的语言，可以在服务器端运行，属于通用开源脚本语言，现在比较流行，主要用于服务端的 WEB 开发，可以生成与数据库交互的动态网页。

Yum 安装 PHP 及 PHP 相关的软件包，使 PHP 支持 MariaDB，如下所示：

yum -y install php php-devel php-mysqlnd php-gd php-xml php-mbstring

php-ldap php-pear php-xmlrpc php-zip libjepg* php-odbc

在/var/www/bj 目录下创建 php 环境测试文件 index.php，如下所示：

<?

phpinfo（）；

?>

Vi 编辑器修改 php 的配置文件/etc/php.ini，设置 short_open_tag = ON，使之支持 PHP 短标签。

在 Apache 服务器的配置文件 httpd.conf 里设置虚拟主机，如图 11-46 所示，网站中 security 目录只允许 192.168.0.2 访问：

```
<VirtualHost 192.168.0.2:80>
ServerAdmin root@amy.com
DocumentRoot /var/www/bj
<Directory /var/www/bj/security>
require ip 192.168.0.2
</Directory>
ServerName bj.amy.com
ErrorLog logs/bj-error_log
CustomLog logs/bj-access_log common
</VirtualHost>
```

图 11-46　设置虚拟主机

重启 Apache 服务及 MariaDB 服务使之生效，如下所示：

[root@localhost ~]# systemctl restart httpd

[root@localhost ~]# systemctl restart mariadb

在浏览器的位置栏中输入“http://bj.amy.com/index.php”，如果弹出如图 11-47 所示的界面，则说明 PHP 运行环境配置成功。

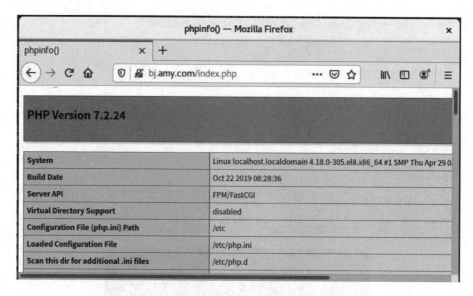

图11-47　PHP运行环境安装成功测试页面

11.4　项目实训

实训任务

bj.amy.com 网站为了实现广大用户的在线交流准备搭建 PHP 论坛，该论坛数据存放于 MariaDB 数据库中。网站中有个非常重要的子目录/security，目录仅允许来自 192.168.0.0/24 网段的成员访问，其余全部拒绝。

实训目的

通过本节操作，掌握配置基于域名的虚拟主机、order allow deny 原则的设置及 PHP 环境及论坛安装时数据库的设置。

实训步骤

STEP 1 按照前面课程中讲解的方法完成 PHP 环境及 MariaDB 数据库的基本安装。

STEP 2 在 http://discuz.net 网站下载 Discuz 论坛安装程序。

STEP 3 在 RHEL 8.4 系统中新建目录/discuze，并把下载的 Discuz 论坛安装程序 Discuz_X3.4_SC_GBK_20210630.zip 放入此目录中。

STEP 4 解压 Discuz 安装程序，如下所示：

[root@localhost discuz]# unzip Discuz_X3.4_SC_GBK_20210630.zip

STEP 5 将解压出来的 upload 目录中的内容上传到 bj.amy.com 网站对应的目录/var/www/bj 中。

[root@localhost discuz]# cp -r upload/* /var/www/bj

STEP 6 进行论坛安装时，需要修改以下目录的权限为可读写：

[root@localhost discuz]# cd /var/www/bj

[root@localhost bj]# chmod -R 777 config

[root@localhost bj]# chmod -R 777 data

[root@localhost bj]# chmod -R 777 uc_client/data/cache/

[root@localhost bj]# chmod -R 777 uc_server/

STEP 7 关闭 selinux，通过 vi 编辑器打开配置文件/etc/sysconfig/selinux，修改 SELINUX 的值为 disabled，如图 11-48 所示。重启系统生效。

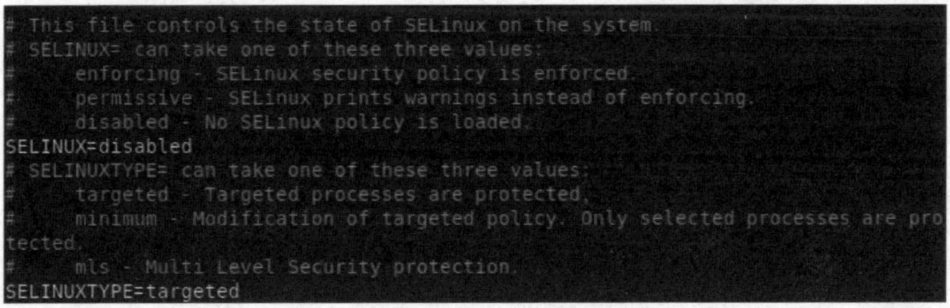

```
# This file controls the state of SELinux on the system.
# SELINUX= can take one of these three values:
#     enforcing - SELinux security policy is enforced.
#     permissive - SELinux prints warnings instead of enforcing.
#     disabled - No SELinux policy is loaded.
SELINUX=disabled
# SELINUXTYPE= can take one of these three values:
#     targeted - Targeted processes are protected,
#     minimum - Modification of targeted policy. Only selected processes are pro
tected.
#     mls - Multi Level Security protection.
SELINUXTYPE=targeted
```

图 11-48　修改 selinux 文件

STEP 8 由于这里下载的论坛安装程序是 GBK 版本，需要修改 Apache 配置文件 httpd.conf 中的 AddDefaultCharset 字段的值为 GB2312，否则论坛将以乱码的形式出现，如下所示：

AddDefaultCharset GB2312

STEP 9 在 Apache 配置文件 httpd.conf 中设置基于域名的虚拟主机 bj.amy.com，设置此网站的子目录/security，里面的内容仅允许来自 192.168.0.0/24 这个网段的成员访问，其他全部拒绝，如图 11-49 所示。

```
<VirtualHost 192.168.0.2:80>
ServerAdmin root@amy.com
DocumentRoot /var/www/bj
<Directory /var/www/bj/security>
options indexes
order deny,allow
deny from all
allow from 192.168
</Directory>
ServerName bj.amy.com
ErrorLog logs/bj-error_log
CustomLog logs/bj-access_log common
</VirtualHost>
```

图 11-49　设置基于域名的虚拟主机 bj.amy.com

STEP 10 修改完 Apache 配置文件 httpd.conf，重启 Apache 服务器以使之生效。

[root@localhost bj]# systemctl restart httpd

STEP 11 打开浏览器，通过访问 http://www.bj.com/install 进入论坛安装界面，如图 11-50（a）所示。

图11-50　论坛安装界面（a）

STEP 12 将浏览器的垂直滚动条拖曳到下方，单击"同意"按钮，开始安装，如图 11-50（b）所示。

图11-50　论坛安装界面（b）

STEP↓13在此界面中，可看到论坛在对安装环境进行检查，如全部显示为绿色勾，则可以单击"下一步"按钮进行继续安装。再设置运行环境界面，选择"全新安装 Discuz!X"，如图 11-51 所示。

图11-51　论坛设置运行环境界面

STEP↓14单击"下一步"后，进入"安装数据库"界面，填写正确的数据库用户名及密码，设置论坛管理员用户名及密码，如图 11-52 所示。

图11-52　安装数据库界面

STEP↓15进行论坛数据库的安装，安装完毕后，可见图 11-53 所示界面，单击右下角的"您的论坛已经安装完毕，点此访问"则可完成论坛的安装。

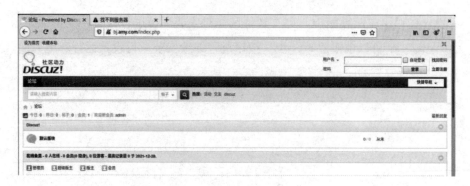

图11-53　安装完成界面

项目十二 电子邮件服务器

项目案例

为了构建企业内部员工邮箱，实现电子邮件收发，准备搭建 E-mail 服务器。邮件服务器的 IP 地址为 192.168.0.3，负责在 amy.com 域投递邮件。该局域网内部的 DNS 服务器地址为 192.168.0.1，该 DNS 服务器负责 amy.com 域的域名解析工作。现在需要该邮件服务器实现例如用户 user1 通过邮箱账号 user1@amy.com 向用户 user2 的邮箱账号 user2@amy.com 发送邮件。网络拓扑如图 12-1 所示。

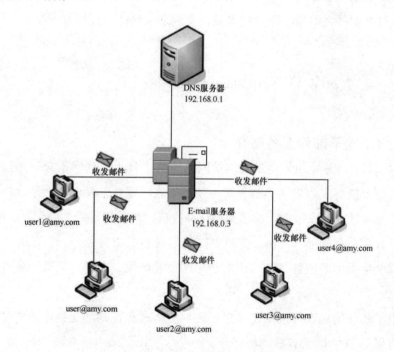

图12-1　邮件服务器拓扑图

项目任务

- 配置和管理 Sendmail 服务器，实现 Sendmail 服务器将邮件通过网络发送到目的地；
- 配置 Dovecot 服务器，实现 Dovecot 服务器异地接收邮件；
- 电子邮件客户端的配置与访问，实现通过电子邮件客户端收发邮件。

项目目标

- 掌握邮件系统的工作原理；
- 熟悉配置和管理 Sendmail 服务器；
- 掌握配置 Dovecot 服务器；
- 掌握配置和访问电子邮件客户端。

思政元素

在社会工程学攻击中攻击者利用受害者账户给你发送电子邮件，邮件中通常含有恶意信息，主要隐藏在邮件附件。防御方式通常有：不要点击来自未知发送者的电子邮件中的嵌入链接，不要在未知发送者的电子邮件中下载附件，打开附件之前审查账户的来源，安装杀毒软件，打好系统补丁。

12.1　配置和管理 Sendmail 服务器

12.1.1 电子邮件服务简介

电子邮件（E-mail）是最基本的网络通信工具，互联网用户可通过电子邮件方便地撰写、收发各类信件而不使用纸张。这些信件都是电子文档，它可以不受区域或国家限制，随意地发送和收取，但前提是必须处于互联网中。电子邮件服务是当前 Internet 资源中被使用最多的服务之一，E-mail 不仅可以传递文字类型的信件，还可用来传递图形、图像、文件、声音等各种类型的信息。

电子邮件的协议标准规定了电子邮件的格式和在邮局交换电子邮件的协议，它属于 TCP/IP 协议簇的一部分。

E-mail 进行邮件收发时与普通邮件收发一样，需要通过地址进行，只是它使用的是电子地址。Internet 之上所有使用邮箱的用户都有自己的 E-mail address，也就是电子邮箱地址，并且这些 E-mail address 是唯一的。邮件服务器通过 E-mail address，将电子邮件转发至各个用户的电子邮箱中，E-mail address 就是用户的信箱地址。能否收到 E-mail，主要在于电子邮箱地址是否正确，电子邮箱地址可向邮件服务器的系统管理人员申请注册。

一个完整的 Internet 邮件地址格式如下所示：

loginname@hostname.domain

即：登录名@主机名.域名

"@"符号的左边是用户的登录名，"@"符号的右边是完整的主机名，即主机名与域名组成。其中，域名由多个子域（Subdomain）组成，各子域之间用圆点"."隔开，每个子域都包含一些有关这台邮件服务器的信息。

假定用户 Webmaster 的具有邮件服务器功能的本地机为 cug.edu.cn，用户 Webmaster 的 E-mail 地址为 Webmaster@dns.cug.edu.cn。通过这些信息可知该计算机在中国（cn），隶属于教育机构（edu）下的中国地质大学（cug），机器名为 dns。@符号左边是用户的登录名：Webmaster。

电子邮件属于"存贮转发式"服务，电子邮箱系统正是利用存贮转发进行非实时通信，是异步通信方式。也就是信件发送者可以不用接收者同时在线，即可随时随地发送邮件至对方的信箱内，并且邮件存储于对方的电子邮箱中。接收者可在自己方便时登录邮箱读取信件，不受时间空间限制。在这里，"发送"邮件代表将邮件发送至收件人的信箱中，而"接收"邮件则代表从自己的信箱中读取信件，信箱实际上是由文件管理系统支持的一个实体。电子邮件其实是通过邮件服务器（mail server）来进行文件传递的。

电子邮件系统主要由电子邮件发送和接收系统及电子邮局系统两个部分组成。

1.电子邮件发送和接收系统

电子邮件的收发都是在邮件发送者或接收者的计算机中通过客户端的应用软件来完成的，如 Outlook Express、Foxmail 等，用户可根据自己的需要选择邮件发送和接收软件。在电子邮件术语中，将邮件的发送和接收称为 MUA。

MUA 的功能主有撰写、显示和处理邮件 3 种功能，当用户在撰写好邮件后，由邮件处理应用程序将其发送到网络中，而收信方则通过客户端应用程序将邮件从网络中下载到客户机，实现显示和邮件处理的功能。

2.电子邮局系统

电子邮局的功能与传统邮局一样，它相当于发送者和接收者之间的桥梁，其实就是运行于服务器上的一个应用软件，如 Exchange、Sendmail 等，在电子邮件术语中，将电子邮局系统称为 MTA。

MTA 负责电子邮件的传送、存储和转发，同时，MTA 监视用户代理的请求，根据电子邮件的地址寻找对应的邮件服务器，在服务器之间传输邮件，缓冲接收到的邮件，所以 MTA 的主要功能有以下 4 个：

（1）接收和传输客户端的邮件；

（2）维护邮件队列，以便客户端不必一直等到邮件真正发送完成；

（3）接收客户的邮件，并将邮件放到缓冲区域，直到用户连接并收取邮件；

（4）可有选择地转发和拒绝转发接收的邮件。

12.1.2 电子邮件系统的工作原理

在电子邮件系统中，发送者只需要将信件发送到发件服务器即可，剩下的工作就由发件服务器来完成。电子邮件系统使用假脱机的缓存技术以保存用户提交的电子邮件。当用户提交电子邮件给系统后，电子邮件系统会在 MUA 交互的 MTA 专用缓冲区内存放一个邮件的副本链接及发送者的标志、接收者的标志、投递时间和目标主机，由后台完成传送邮件到目标主机的工作，如图 12-2 所示。

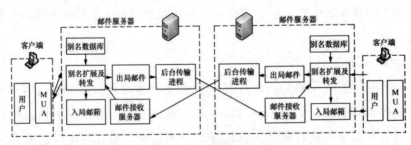

图12-2　电子邮件系统

12.1.3 SMTP

SMTP 全称"Simple Mail Transfer Protocol"，也就是简单邮件传输协议。可通过 SMTP 控制邮件的中转方式，它定义了传输邮件从源地址到目的地址的规范。SMTP 属于 TCP/IP 协议簇，它的作用是帮助每台计算机在发送或中转信件时找到下一个目的地。遵循 SMTP 协议的发送邮件服务器就是 SMTP 服务器。如果必须通过账户名和密码认证成功才可以登录 SMTP 服务器而采用 SMTP 认证，这在一定程度上避免垃圾邮件的散播。SMTP 认证的主要目的是避免用户受到垃圾邮件的侵扰。

12.1.4 Sendmail 服务的安装与配置

Sendmail 是一种被广泛采用的邮件传输代理程序（Mail Transport Agent，MTA），邮件传输代理程序负责把邮件从一台计算机发送到另一台计算机。Sendmail 并不提供邮件阅读功能，而是运行在后台的、用于把邮件通过 Internet 发送到目的地的服务器程序。

Linux 平台中，可供选择使用的邮件服务器很多，使用较多的有 Sendmail 服务器、Postfix 服务器和 Qmail 服务器。

几乎所有 Linux 系统的默认配置中都内置软件 Sendmail，只需要设置好操作系统，它就能立即运行起来，它是一个很优秀的邮件服务软件。

Postfix 是 Wietse Venema 在 IBM 资助下开发的一个自由软件工程产物，它就是为用户提供除 Sendmail 之外的邮件服务器替代品。

Qmail 是由 Dan Bernstein 开发的可以自由下载邮件的服务器软件。

本节将介绍 Sendmail 邮件服务器的安装与配置。

1.Sendmail 的安装

系统默认只安装了 Sendmail 的一些组件，其他的需要自己重新安装。使用 YUM 方式进行安装。

[root@localhost ~]# yum -y install sendmail*

当 sendmail 安装完成后，就可以正常启动邮件服务器了，sendmail 的启动方式如下所示：

```
#systemctl start sendmail          \\启动 Sendmail
#systemctl restart sendmail        \\重启 Sendmail
```

2.配置 Sendmail 服务器

（1）Sendmail 所需的软件与软件结构

Sendmail，使用端口为 25（smtp），后台进程为 Sendmail。Sendmail 至少需要下面几个软件才行。

•Sendmail 提供主要的 Sendmail 程序与配置文件。

•sendmail-cf 提供 sendmail.cf 这个配置文件的默认整合数据。

•M4 辅助 Sendmail 将 sendmail-cf 的数据转成实际可用的配置文件。

这 3 个软件存在着相关性，不过如果在安装的时候没有选择完整安装所有软件的话，sendmail-cf 则可能没有被安装，所以建议自行利用 rpm 及 yum 命令检查，并安装它。

几乎所有的 Sendmail 相关配置文件都在/etc/mail 目录下，主要的配置文件基本上都有以下几个：

① /etc/mail/sendmail.cf。

Sendmail 的主配置文件，所有与 Sendmail 相关的配置都是靠它来完成的。但是这个配置文件的内容很复杂，所以建议不要随意改动这个文件，而是修改简单的宏文件/etc/mail/ sendmail.mc，再通过工具 m4 生成配置文件 sendmail.cf。

② /usr/share/sendmail-cf/cf/*.mc。

这些文件是 sendmail.cf 配置文件的默认参数数据，由于提示过不要直接手动修改 sendmail.cf，如果想要处理 sendmail.cf，就需要通过这个目录下的参数来事先准备设置数据。当然，这些默认参数的数据文件必须通过 m4 工具来转换。

③ /etc/mail/sendmail.mc（通过 m4 工具转换）。

sendmail.mc 宏定义了操作系统类型、请求特征、文件位置、用户列表及邮件发送工具等信息。sendmail.mc 文件中默认以 dnl 开头的行表示注释，也就是在编译宏文件时不会写入配置文件中。利用 m4 命令并通过指定的默认参数文件重建 sendmail.cf 时，就是通过这个宏文件来设置处理的。

④ /etc/mail/local-host-names。

MTA 能否将邮件接收下来与这个配置文件有关。如果邮件服务器的名称有多个（xx.com.cn、yy.com.cn 等），那么这多个名称都要写入这个文件中才行，否则将会造成例如 aa@xx.com.cn 可以接收邮件，而 aa@yy.com.cn 却不能接收邮件的现象，虽然这两个 E-mail 地址都是传送到同一台邮件服务器上，不过 MTA 能不能接收该地址的邮件是需要设置的。

⑤ /etc/mail/access.db。

该文件用来设置是否可以 Relay 或者是否接收邮件的数据库文件。

⑥ /etc/aliases.db

可用来创建电子邮件信箱别名，假设一用户账号为 xx，他还想使用 yy 账号来接收邮件，此时不需要再建立一个 yy 的账号，直接在这个文件里设置一个别名，让寄给 yy 的邮件直接存放到 xx 的邮箱中即可。

（2）配置 Sendmail

邮件服务器的 IP 地址为 192.168.0.3，负责在 amy.com 域中投递邮件。局域网内部的 DNS 服务器为 192.168.0.1，这台 DNS 服务器可以完成 amy.com 域的域名解析工作。

Sendmail 服务器每次启动时都要读取 sendmail.cf 配置文件，该文件中包含 Sendmail 启动时必需的信息，列出了所有重要文件的位置，指定了这些文件的默认权限，包含一些影响 Sendmail 行为的选项。图 12-3 所示为 sendmail.cf 文件的内容，较为复杂，所以一般不修改它，而是修改文件 sendmail.mc，再用 m4 工具生成 sendmail.cf 文件。

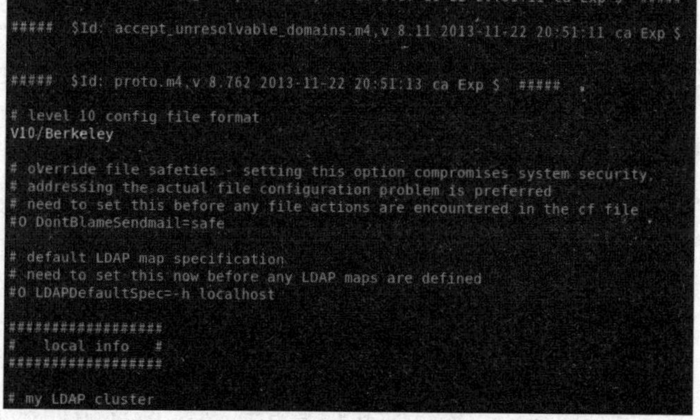

```
#####  $Id: blacklist_recipients.m4,v 8.14 2013-11-22 20:51:11 ca Exp $  #####

#####  $Id: accept_unresolvable_domains.m4,v 8.11 2013-11-22 20:51:11 ca Exp $


#####  $Id: proto.m4,v 8.762 2013-11-22 20:51:13 ca Exp $  #####

# level 10 config file format
V10/Berkeley

# override file safeties - setting this option compromises system security,
# addressing the actual file configuration problem is preferred
# need to set this before any file actions are encountered in the cf file
#O DontBlameSendmail=safe

# default LDAP map specification
# need to set this now before any LDAP maps are defined
#O LDAPDefaultSpec=-h localhost

##################
#   local info   #
##################

# my LDAP cluster
```

图12-3　sendmail.cf文件

用 vi 编辑器打开 sendmail.mc 文件，根据题目要求进行修改。找到如下内容：

DAEMON_OPTIONS（`Port=smtp,Addr=127.0.0.1, Name=MTA'）dnl

邮件服务器的需求是让其他 client 使用我们的服务器，我们要把 127.0.0.1 改成 0.0.0.0，如下所示：

DAEMON_OPTIONS（`Port=smtp,Addr=0.0.0.0, Name=MTA'）dnl

为了保证邮件服务器的稳定，找到如下内容：

LOCAL_DOMAIN（`localhost.localdomain'）dnl

修改成自己的域名：

LOCAL_DOMAIN（`amy.com'）dnl

对 sendmail.mc 文件修改完毕后，保存并退出。

通过 vi 编辑器打开文件 local-host-names（见图 12-4），在文件中加入邮件服务器 IP 地址能解析出来的所有域名：

```
# local-host-names - include all aliases for your machine here.
mail.amy.com
```

图12-4　local-host-names文件

检查主机名字，邮件服务器的主机名字必须要符合 FQDN（Fully Qualified Domain Name，完全合格域名/全称域名）形式，如下所示：

[root@localhost ~]# hostname mail.amy.com

[root@localhost ~]# hostname

mail.amy.com

在/etc/hosts 文件中加入 ip 地址与邮件服务器的映射关系，如下所示。

192.168.0.3 mail.amy.com

检查 DNS 设置，查看/etc/resolv.conf 文件是否存有 DNS 服务器的记录，如下所示。

nameserver 192.168.0.1

最后检查 DNS 服务器 192.168.0.1 是否有 MX 记录指向邮件服务器，如图 12-5 和图 12-6 所示，分别查看 DNS 服务器的正向解析文件及反向解析文件。

```
$TTL 1D
@       IN SOA  amy.com. root.amy.com. (
                                        0       ; serial
                                        1D      ; refresh
                                        1H      ; retry
                                        1W      ; expire
                                        3H )    ; minimum
        NS      dns.amy.com.
        MX  5   mail.amy.com.
        A       127.0.0.1
        AAAA    ::1
dns     A       192.168.0.1
mail    A       192.168.0.3
```

图12-5　DNS服务器的正向解析文件

```
$TTL 1D
@       IN SOA  amy.com. root.amy.com. (
                                        0       ; serial
                                        1D      ; refresh
                                        1H      ; retry
                                        1W      ; expire
                                        3H )    ; minimum
        NS      dns.amy.com.
        MX  5   mail.amy.com.
        A       127.0.0.1
        AAAA    ::1
1       PTR     dns.amy.com.
3       PTR     mail.amy.com.
```

图12-6　DNS服务器的反向解析文件

使用 M4 工具，生成主配置文件 sendmail.cf，如下所示：

[root@localhost mail]# m4 sendmail.mc > sendmail.cf

生成以后，重新启动 sendmail 服务器：

[root@localhost mail]# systemctl restart sendmail

查看邮件服务器占用端口 25 是否已经开始监听，如图 12-7 所示：

```
[root@localhost mail]# lsof -i:25
COMMAND  PID  USER  FD  TYPE DEVICE SIZE/OFF NODE NAME
sendmail 3282 root  6u  IPv4  52559      0t0  TCP *:smtp (LISTEN)
```

图 12-7　查看端口 25 是否已监听

（3）测试 sendmail

切换到 user1 用户，使用 mail 工具发送邮件给 user，如图 12-8 所示：

图 12-8　mail 工具发送邮件

Subject 表示主题；回车后可输入邮件内容，内容输入完毕通过 ctrl+d 结束输入；cc 代表抄送，图 12-8 中没有抄送，则直接回车。如果系统不识别 mail 命令，可通过 yum install mailx 进行安装。

然后切换到 user 用户，检查是否收到邮件，这里通过 mail 命令接收邮件。这里需要注意的是，通过 su 命令切换用户时，格式为 su - 用户名。"-"代表携带环境变量，如果没有"-"，表示只是切换用户，但是环境变量还是之前用户的，如图 12-9 所示：

图 12-9　邮件收发测试

如上所示，已经收到了邮件。

N 后面是邮件的编号，输入编号即可查看对应编号的邮件，如上所示。

配置服务器中查看日志是非常有用的，通过查看日志能节省许多时间，也方便查找问题。邮件服务器的日志保存在/var/log 目录中，可通过如图 12-10 所示的命令查看所有邮件服务的日志文件：

```
[root@localhost mail]# ls -la /var/log/mail*
-rw-------. 1 root root 3719 12月 27 16:53 /var/log/maillog

/var/log/mail:
总用量 8
drwxr-xr-x   2 root root   24 12月 27 15:52
drwxr-xr-x. 21 root root 4096 12月 27 16:30
-rw-------   1 root root 1448 12月 27 16:53 statistics
```

图 12-10　邮件服务的日志文件

文件 maillog 为系统现在正在使用的服务日志，系统一般会自动管理日志，不用管理员手动删除整理。查看 maillog 文件全部日志信息，可使用 cat/var/log/maillog 命令。

12.1.5 流行 E-mail 服务器软件简介

Linux 操作系统中有多种邮件服务器软件，其中 Sendmail、Postfix 和 Qmail 应用较为广泛。

1.Sendmail

基于使用的广泛程度和代码的复杂程度，Sendmail 是一种很优秀的邮件服务器软件，几乎所有的 Linux 服务器都采用这个软件作为邮件服务软件。这个软件的配置很简单，有很多进程都是以 root 用户的身份运行的，所以一旦邮件服务发生了安全问题，也就意味着 Linux 操作系统也存在安全问题，因此利用 Sendmail 软件配置高安全度的邮件服务器还需要进行一些复杂的设置。

2.Postfix

Postfix 是由 IBM 资助下由 Wietse Venema 负责开发的一个自由软件，它主要是为了寻求 Sendmail 之外的邮件服务器软件的替代品，Postfix 快速、易于管理且提供尽可能的安全性。Postfix 进程体系结构是互动操作的，没有任何特定的进程衍生关系，每个进程完成特定的任务，所以整个系统进程保护得很好，同时 Postfix 与 Sendmail 邮件服务器软件兼容，这样更方便用户的使用。

3.Qmail

Qmail 是一款由 Dan Bemstein 开发的开源电子邮件服务器软件，Qmail 将邮件系统模块化，它是可完全替代 Sendmail-binmail 体系的新一代 UNIX 邮件系统。Qmail 相对于 Sendmail 有很多优良特性，主要包括以下四点。

（1）安全。Qmail 将 E-mail 处理过程分为多个分过程，尽量避免通过 root 用户运行，同时 Qmail 禁止对特权用户（如 root、deamon 等）直接发信。

（2）可靠。为了保证 E-mail 在投递过程中不会丢失，Qmail 是直接投递的。同时为了保证系统在突然崩溃的情况下不至于整个邮件系统破坏，Qmail 同时支持新的更可靠的信箱格式 Maildir。

（3）高效。运行于奔腾 BSD/OS 上的 Qmail 邮件系统，每天可以轻松地投递 200000 封信件。

（4）简单。Qmail 相对于其他 Internet Mail 软件，体积较小，Qmail 通过简单高效的队列来处理投递，采用统一的机制完成 alias、forwarding（转发）和 maillist 等功能。Qmail-smtpd 可以由 inetd 启动，节省了一定的资源。

12.2　配置 Dovecot 服务器

12.2.1 POP 及 IMAP

POP3，邮局协议的第 3 个版本，Post Office Protocol 3 的简称。个人计算机连接到 Internet 的邮件服务器，如何下载电子邮件是由 POP3 电子协议规定的。作为因特网电子邮件的第一个离线协议标准，可以让用户将邮件从服务器存储到本地主机（即自己的计算机）上并删除邮件服务器上的邮件。用来接收电子邮件的、遵循 POP3 协议的接收邮件服务器是 POP3 服务器。

IMAP，全称 Internet Mail Access Protocol，交互式邮件存取协议，是一种与 POP3 类似的邮件访问标准协议。IMAP 与 POP3 不同的是，当 IMAP 启动后，无论从浏览器登录邮箱或者客户端软件登录邮箱，用户收取的邮件都保留在邮件服务器上，且客户端的操作，如删除邮件、标记已读等都会同步至服务器上，看到的邮件内容、状态都是一致的。

12.2.2 配置 Dovecot 服务器

Sendmail 邮件服务只是一个邮件传输代理 MTA，它只具有 SMTP 服务的功能，也就是只能实现邮件的转发及本地分发，如果需要异地接收邮件，就必须通过 POP3 或 IMAP 的支持。通常情况下，SMTP 服务和 POP3 服务、IMAP 服务可在同一台电子邮件服务器上。在本节中，dovecot 软件包可同时提供 POP3 和 IMAP 服务。

安装 dovecot 时用 yum 和 rpm 都可以，这里采用 yum 安装：

[root@localhost ~]# yum install dovecot* -y

使用之前进行简单的配置。

（1）vi 编辑器打开/etc/dovecot/dovecot.conf 文件，找到如下所示记录：

#protocols = imap pop3 lmtp submission　　　\\去掉前面的注释

添加如下记录：

listen=*

设置允许登录的网址：

login_trusted_networks = 192.168.0.0/24　\\设置允许 192.168.0.0 网段用户登录

dovecot 运行目录：

base_dir = /var/run/dovecot/　　　　　　\\去掉左边的#号

（2）vi 编辑器打开认证模块配置文件/etc/dovecot/conf.d/10-auth.conf，找到记录 disable_plaintext_auth，设置允许用户明文进行密码验证，修改如下：

disable_plaintext_auth = no

（3）vi 编辑器打开/etc/dovecot/conf.d/10-mail.conf 文件，找到如下记录：

#mail_location = mbox:~/mail:INBOX=/var/mail/%u　　　\\去掉前面的注释

（4）Dovecot 默认会开启 POP3 的 SSL 安全连接认证（端口 995），需要关闭 ssl。vi 编辑器打开/etc/dovecot/conf.d/10-ssl.conf 文件，找到如下记录：

ssl = required

将 required 改为 no。

（5）修改权限如下所示。

[root@localhost ~]# chmod 0600 /var/spool/mail/*

（6）新增用户 user1，并给用户 uesr1 设置密码。

#useradd user1

#passwd user1

（7）启动 dovecot：

[root@localhost ~]# systemctl start dovecot

dovecot 支持 pop3 和 imap 两个协议。

POP3，Post Office Protocol 3 的简称，邮局协议第三版。当邮件用户不能时时在线时需要使用 POP3 协议，以支持客户租用邮件服务器上的邮箱，通过 POP3 向服务器请求下载邮件。POP3 的认证基于 TCP/IP 与客户端/服务端模型，明文传送邮件占用端口 110。

IMAP，Internet Message Access Protocol 的简称，因特网信息存取协议。

IMAP 也是从邮件服务器上获取邮件的协议，相比于 POP3，它基于 TCP/IP 协议，占用 143 端口，可在邮件下载前先行下载邮件头以预览邮件的主题来源。

12.3 电子邮件客户端的配置与访问

电子邮件客户端软件有很多，且各具特色，但是无论在 Linux 操作系统中还是在 Windows 操作系统中，邮件客户端的设置方式都基本相同，本节将对 Windows 操作系统中的 Foxmail 软件的配置方法进行介绍。

利用 Foxmail 接收邮件的配置步骤如下：

在 Windows 操作系统中，已安装 Foxmail 后，打开"Foxmail"，在如图 12-11 所示的菜单中单击"账号管理"。

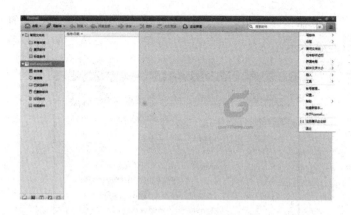

图12-11　Foxmail界面

配置电子邮件账户的基本信息，例如电子邮件地址、密码等，如图 12-12 所示。

图12-12　配置电子邮件账户基本信息

单击"服务器"选项页，设置账号服务器、收件服务器、发件服务器地址，如图 12-13 所示。

图12-13　配置电子邮件服务器信息

在 Linux 操作系统中向 user1 用户发送邮件，如图 12-14 所示。

图12-14　发送邮件

在 Windows 系统中使用 Foxmail 登录 user1 账户接收测试邮件，单击收件箱可看到刚才 root 用户所发送的邮件，如图 12-15 所示，这里需要注意 Foxmail 收到邮件的时间取决于软件里是否设置了定时收取邮件及对应时间。

图12-15　接收测试邮件

在 Windows 系统中，user1 用户登录邮箱，向 root 用户发送邮件，如图 12-16 所示。

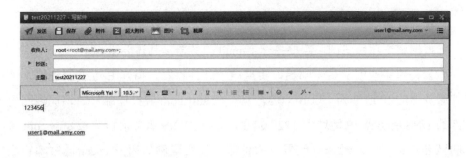

图12-16　Foxmail发送邮件

在 Linux 系统中，root 用户通过 mail 工具可查收到 user1 用户发送的邮件，如图 12-17 所示。

```
[root@localhost ~]# mail
Heirloom Mail version 12.5 7/5/10.  Type ? for help.
"/var/spool/mail/root": 2 messages 2 new
>N  1 Mail Delivery Subsys  Mon Dec 27 16:49  69/2489  "Returned mail: see tr"
 N  2 user1@mail.amy.com    Mon Dec 27 17:17  43/1722  "test20211227"
& 2
Message  2:
From user1@mail.amy.com  Mon Dec 27 17:17:38 2021
Return-Path: <user1@mail.amy.com>
Date: Mon, 27 Dec 2021 22:17:39 +0800
From: "user1@mail.amy.com" <user1@mail.amy.com>
To: root <root@mail.amy.com>
Subject: test20211227
X-Priority: 3
X-Has-Attach: no
X-Mailer: Foxmail 7.2.20.259[cn]
Content-Type: multipart/alternative;
       boundary="----=_001_NextPart476834858841_=----"
Status: R

Content-Type: text/plain;
       charset="ISO-8859-1"

123456
```

图12-17　mail接收测试邮件

12.4　项目实训

实训任务

根据整个项目案例，需要搭建 E-mail 服务器，具体要求如下。

为构建企业内部员工邮箱，实现电子邮件收发，搭建 E-mail 服务器。邮件服务器的 IP 地址为 192.168.0.3，负责在 amy.com 域投递邮件。该局域网内部的 DNS 服务器 IP 地址为 192.168.0.1，这台 DNS 服务器可完成 amy.com 域的域名解析工作。现需要配置该邮件服务器实现例如用户 user1 通过邮箱账号 user1@amy.com 给邮箱账号为 user@amy.com 的用户 user 发送邮件。

实训目的

通过本节操作，掌握 Red Hat Enterprise Linux 8.4 中 E-mail 服务器的基本配置及管理。

实训步骤

STEP 1 按照前述内容安装 sendmail 服务器及 dovecot 服务器，并通过如下命令确定其是否在运行状态：

#servcie sendmail status

#service dovecot status

STEP 2 通过 nmtui 工具配置邮件服务器的 IP 地址，邮件服务器的网卡名为 ens160，如图 12-18 所示，并激活该连接。

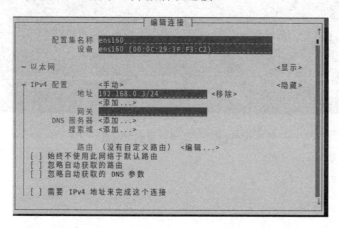

图12-18　配置IP地址

STEP 3 vi 编辑器打开 sendmail.mc 文件

#vi /etc/mail/sendmail.mc

找到如下内容：

DAEMON_OPTIONS（`Port=smtp,Addr=127.0.0.1, Name=MTA'）dnl

并对其进行如下修改：

DAEMON_OPTIONS（`Port=smtp,Addr=0.0.0.0, Name=MTA'）dnl

为了保证邮件服务器的稳定，找到如下内容：

LOCAL_DOMAIN（`localhost.localdomain'）dnl

将修改成自己的域名：

LOCAL_DOMAIN（`amy.com'）dnl

对 sendmail.mc 文件修改完毕后，保存并退出。

STEP 4 使用 vi 编辑器打开 local-host-names 文件，在这个文件中加入 IP
地址需要解析出来的域名 amy.com：

#vi /etc/mail/local-host-names

加入以下内容：

mail.amy.com

STEP 5 通过 hostname 设置邮件服务器的主机名，以使邮件服务器的主
机名字必须是规范 FQDN 形式，如下所示：

#hostname mail.amy.com

STEP 6 在/etc/hosts 文件中加入 IP 地址与邮件服务器的映射关系，如下
所示：

#vi /etc/hosts

加入以下内容：

192.168.0.3 mail.amy.com

STEP 7 设置邮件服务器的 DNS 服务器地址为 192.168.0.1，使其可以正
确解析邮件服务器域名与 IP 地址之间的关系：

#vi /etc/resolv.conf

加入以下内容：

nameserver 192.168.0.1

STEP 8 通过 DNS 服务器的配置文件/etc/named.conf 确定正向区域文件和反向区域文件的存放位置，并在正向区域文件及反向区域文件中加入 MX 记录指向邮件服务器，如图 12-19 和图 12-20 所示。

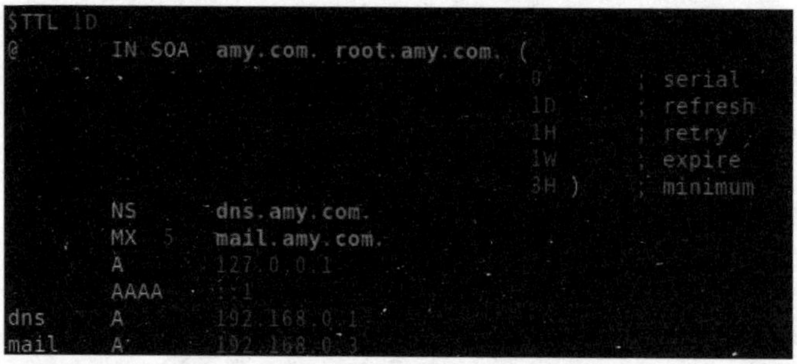

```
$TTL 1D
@       IN SOA  amy.com. root.amy.com. (
                                        0       ; serial
                                        1D      ; refresh
                                        1H      ; retry
                                        1W      ; expire
                                        3H )    ; minimum
        NS      dns.amy.com.
        MX  5   mail.amy.com.
        A       127.0.0.1
        AAAA    ::1
dns     A       192.168.0.1
mail    A       192.168.0.3
```

图12-19　DNS服务器的正向解析文件

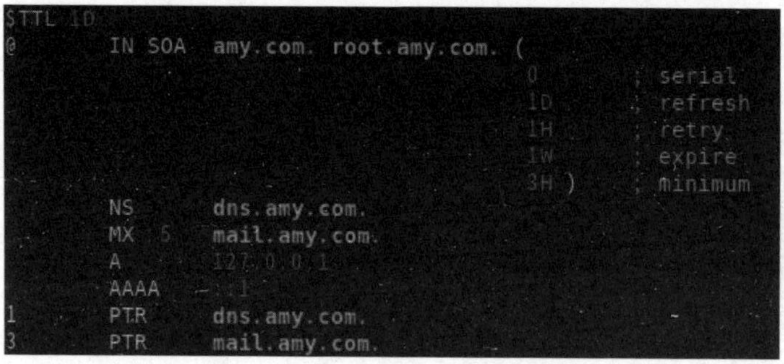

```
$TTL 1D
@       IN SOA  amy.com. root.amy.com. (
                                        0       ; serial
                                        1D      ; refresh
                                        1H      ; retry
                                        1W      ; expire
                                        3H )    ; minimum
        NS      dns.amy.com.
        MX  5   mail.amy.com.
        A       127.0.0.1
        AAAA    ::1
1       PTR     dns.amy.com.
3       PTR     mail.amy.com.
```

图12-20　DNS服务器的反向解析文件

STEP 9 使用 M4 工具，生成主配置文件 sendmail.cf，如下所示：

[root@localhost mail]# m4 sendmail.mc > sendmail.cf

STEP 10 重启 sendmail 服务器，以使配置文件生效：

[root@localhost mail]# systemctl restart sendmail

STEP 11 查看邮件服务器占用端口 25 是否已经开始监听，如图 12-21 所示：

```
[root@localhost ~]# lsof -i:25
COMMAND    PID USER   FD   TYPE DEVICE SIZE/OFF NODE NAME
sendmail 7412 root    6u  IPv4  85057      0t0  TCP *:smtp (LISTEN)
```

图 12-21　查看端口 25 是否已经开始监听

STEP 12 按照前述课程中的内容完成 dovecot 服务器的配置工作后，IP 地址为 192.168.0.5 的用户先设置自己的 DNS 服务器地址为 192.168.0.1，用户 user1 可使用 Foxmail 客户端或其他软件给用户 user 发送邮件，如图 12-22 所示：

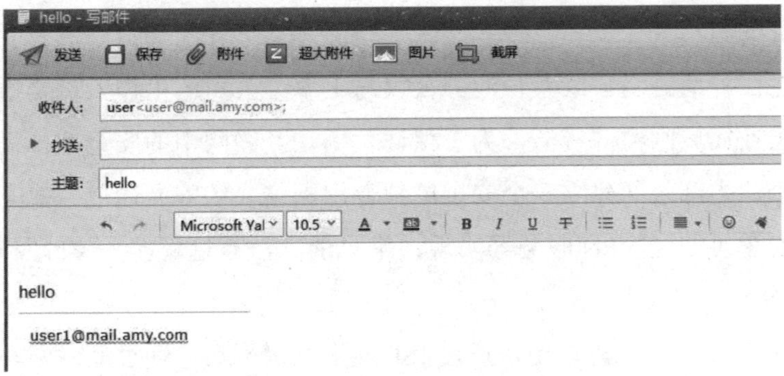

图 12-22　发送邮件

STEP 13 IP 地址为 192.168.0.3 的用户通过 mail 查看收到的 user1 用户发来的邮件，如图 12-23 所示：

```
[root@localhost ~]# su - user
[user@mail ~]$ mail
Heirloom Mail version 12.5 7/5/10.  Type ? for help.
"/var/spool/mail/user": 2 messages 1 new
    1 user1@localhost.loca  Mon Dec 27 16:53  22/843   "test2021"
>N  2 user1@mail.amy.com    Mon Dec 27 17:55  42/1594  "hello"
& 2
Message  2:
From user1@mail.amy.com  Mon Dec 27 17:55:57 2021
Return-Path: <user1@mail.amy.com>
Date: Mon, 27 Dec 2021 22:55:58 +0800
From: "user1@mail.amy.com" <user1@mail.amy.com>
To: user <user@mail.amy.com>
Subject: hello
X-Priority: 3
X-Has-Attach: no
X-Mailer: Foxmail 7.2.20.259[cn]
Content-Type: multipart/alternative;
        boundary="----=_001_NextPart075652711136_=----"
Status: R

Content-Type: text/plain;
        charset="us-ascii"


hello
```

图12-23　邮件查看

项目十三　VPN 服务器

项目案例

出差在外地的用户或者长沙分公司与上海分公司的工作人员要通过互联网访问企业局域网内部资源，为了保证数据在互联网中的安全性，需要在互联网与企业内部之间建立一个安全虚拟专用网络（VPN）通道。建立虚拟专用网络通道可通过 VPN 服务器实现，常见的方法有远程接入 VPN 和局域网之间 VPN。

远程接入 VPN：外地用户通过 ISP 连上互联网后，通过互联网与总公司的 VPN 服务器（IP：192.168.0.252）建立 VPN 连接，进行安全通信。网络拓扑图如图 13-1 所示。

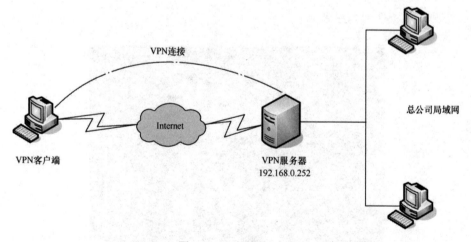

图13-1　远程接入VPN

局域网间 VPN：长沙分公司局域网和上海分公司局域网均连接到互联网，两分公司局域网间要经由 Internet 进行安全通信，可以在两公司中分别建立自己的 VPN 服务器（上海 VPN 服务器的 IP：192.168.10.252，长沙 VPN 服务器的 IP：192.168.20.252），对数据进行加密后在 Internet 上进行通信。网络拓扑图如图 13-2 所示。

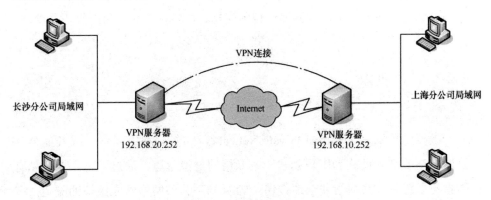

图13-2　局域网间VPN

　　配置远程接入 VPN 服务器，VPN 客户端通过 Internet 网络与 VPN 服务器连接后，可访问局域网内部的服务器。VPN 服务器有 eth0 和 eth1 两个网络接口。其中 eth0 用于连接内网，IP 地址为 192.168.0.252；eth1 用于连接外网，IP 地址为 222.222.222.20。VPN 客户端通过 Internet 网络与 VPN 服务器连接后，可访问局域网内部的服务器。

　　建立 VPN 连接后，分配给 VPN 服务器的 IP 地址为 192.168.2.100，分配给 VPN 客户端的 IP 地址池为 192.168.1.10～192.168.1.200。客户端可以用用户名 amy、密码 123456 和 VPN 服务器建立连接，建立连接后获得的 IP 地址为 192.168.1.150。

项目任务

配置和管理 VPN 服务器。

项目目标

- 掌握 VPN 服务器工作原理；
- 熟悉 VPN 服务相关协议；
- 掌握配置 VPN 服务器。

思政元素

　　《中华人民共和国网络安全法》第二十七条规定，任何个人和组织不得从事非法侵入他人网络、干扰他人网络正常功能、窃取网络数据等危害网络安全的活动；不得提供专门用于从事侵入网络、干扰网络正常功能及防护措施、窃取网络数据等危害网络安全活动的程序、工具；明知他人从事危害网络安全的活动的，不得为其提供技术支持、广告推广、支付结算等帮助。

13.1 VPN 协议

虚拟专用网络（Virtual Private Network，VPN）利用因特网或其他公共互联网络的基础设施为用户创建一条专用的虚拟通道，通过隧道，企业私有数据可以跨越公共网络安全地传递。VPN 利用公共网络建立虚拟的隧道，在远端用户、驻外机构、合作伙伴、公司总部与分部间建立广域网连接，既保证连通性又保证了安全性。

VPN 在互联网中建立了一条专用的隧道，实现数据的专用传输，通过加密技术保证数据的私密性，使得通过公共网络传输的数据即使被他人截获也不至于泄露信息；通过信息认证和身份认证，保证了信息的完整性、合法性和来源可靠不可抵赖性；通过访问控制，使得不同的用户具有不同的访问权限。

隧道是将一个数据包封装在另一个数据包中进行传输的技术。隧道协议内从高层到底层依次包括载荷协议、隧道协议、承载协议三种协议。如图 13-3 所示，支持协议 B 的两个网络之间没有直接与广域网连接，而是通过一个协议 A 的网络互联，此处用的就是隧道技术，其中 PCA 对 PCB 发送数据包必须经过以下过程：

首先 PCA 使用协议 B 将数据包封装；数据包到达隧道端点设备 RTA，RTA 将其封装成协议 A 数据包，通过协议 A 网络发送到隧道的另一端设备 RTB；隧道终点设备将协议 A 数据包解开，获得协议 B 的数据包，发送给 PCB。

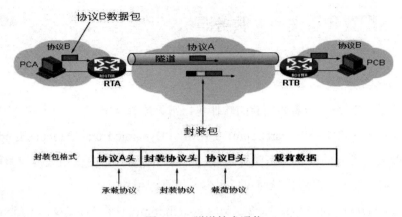

图 13-3　隧道技术通信

协议 A 称为承载协议（Delivery Protocol），协议 B 称为载荷协议（Payload Protocol），而决定如何安全、可靠地传输数据的协议称为隧道协议（Tunnel Protocol）。载荷协议，即被封装的协议。如 PPP（Point to Point）、SLIP 等。隧道协议，用于隧道的建立、维护和断开，把载荷协议当成自己的数据来传输，如 L2TP、IPSec 等。承载协议，用于传输经过隧道协议封装后的数据分组，把隧道协议当成自己的数据来传输，如 IP、ATM、以太网等。

1.点对点隧道协议（PPTP）

PPTP 封装了 PPP 数据包中包含的用户信息，支持隧道交换。隧道交换可以根据用户权限，开启并分配新的隧道，将 PPP 数据包在网络中传输。

2.第二层隧道协议（L2TP）

L2TP（Layer Two Tunneling Protocol）是基于 RFC 的隧道协议，该协议依赖于加密服务的 Internet 安全性（IPSec）。它允许客户通过其间的网络建立隧道，L2TP 还支持信道认证，但它没有规定信道保护的方法。

3.第三层隧道协议（IPSec）

IPSec 是由 IETF（Internet Engineering Task Force）定义的一套在网络层提供 IP 安全性的协议，是一种开放标准的框架结构，特定的通信方之间在 IP 层通过加密、数据摘要（hash）和数字签名等手段，来保证数据包在 Internet 网上传输时的私密性、完整性和真实性，它工作在 IP 层，载荷协议和承载协议都是 IP 协议。

13.2　配置和管理 VPN 服务器

1.安装软件包

配置 VPN 服务器需要安装的软件包，常见的有 4 个。

（1）dkms-2.0.10-1.noarch.rpm：DKMS（Dynamic Kernel Module Support）是 Dell 公司开发的一个动态模组支持包。旨在创建一个内核相关模块源可驻留的框架，以便在升级内核时可以很容易地重建模块。

（2）kernel_ppp_mppe-1.0.2-3dkms.noarch.rpm：使得 Windows 与 Linux 能够进行通信需安装的软件包。

（3）ppp-2.4.3-5.rhel4.i386.rpm：升级 PPP 到 2.4.3 版本，使其支持 MPPE 加密，默认系统已经安装完成。

（4）pptpd-1.3.3-1.rhel4.i386.rpm：PPTP 点对点隧道协议的 RPM 安装包。

其中（1）、（2）和（4）需要通过网上下载后进行安装。说明 kernel_ppp_mppe 在安装过程中依赖于 GCC 包，要先安装 GCC 包后才能安装该包。命令如下所示：

[root@linux5 ~]#rpm -ivh /tmp/VMwareDnD/e58c2b0f/dkms-2.0.17.5-1.noarch.rpm

[root@linux5 ~]#rpm -ivh /tmp/VMwareDnD/e5052a94/kernel_ppp_mppe-1.0.2-3dkms.noarch.rpm

[root@linux5 ~]#rpm -ivh /tmp/VMwareDnD/e7842d1f/pptpd-1.4.0-1.rhel5.i386.rpm

2.配置 VPN 服务器网卡

设置网卡 eth0 的 IP 地址为 192.168.0.252，如图 13-4 所示；添加网卡 eth1，设置 IP 地址为 222.222.222.20，如图 13-5 所示。

图13-4　设置eth0的IP地址　　　　图13-5　设置eth1的IP地址

3.编辑 VPN 服务的主配置文件/etc/pptpd.conf

VPN 服务器的主配置文件是/etc/pptpd.conf，在该文件中需要设置 VPN 服务器的本地地址和分配给客户端的地址段。文件中的 localip 用于设置在建立 VPN 连接后，VPN 服务器本地的地址。在 VPN 客户端拨号后，VPN 服务器会自动建立一个 ppp0 网络接口供客户使用，这里定义的是 ppp0 的 IP 地址。

remoteip：用于设置在建立 VPN 连接后，VPN 服务器分配给 VPN 客户端的可用地址段，当 VPN 客户端拨号到 VPN 服务器后，服务器会从这个地址段中分配一个 IP 地址给 VPN 客户端，以便 VPN 客户端能访问内部网络。可以使用"-"符号表示连续的地址，使用","符号隔开不连续的地址。

编辑文件中第 102 和 103 行，将注释符#号去掉，修改为如下内容：

[root@linux5 ~]#vi /etc/pptpd.conf

localip 192.168.2.100

remoteip 192.168.1.10-200

4.编辑/etc/ppp/chap-secrets 文件

/etc/ppp/chap-secrets 是 VPN 用户账号文件，该账号文件保存 VPN 客户端拨入时所需要的验证信息。打开该文件添加远程登录用户名为 amy，服务名为 pptpd，登录密码为 123456，远程用户登录时，获取的 IP 地址为 192.168.1.150。命令如下所示：

[root@linux5 ~]# vi /etc/ppp/chap-secrets

"amy"   pptpd   "123456"   "192.168.1.150"

5.启用 Linux 的路由转发功能

例如：

[root@linux5 ~]# echo "1">/proc/sys/net/ipv4/ip_forward

6.设置 VPN 服务可以穿透 Linux 防火墙

例如：

[root@linux5 ~]# iptables -A INPUT -p tcp --dport 1723 -j ACCEPT

[root@linux5 ~]# iptables -A INPUT -p gre

7.开启 VPN 服务

例如：

[root@localhost 桌面]# systemctl start pptpd.service

8.Windows 系列远程客户主机连接 VPN 服务器

在"网上邻居"中新建一个连接，如图 13-6 所示。下一步在网络连接类型中选择"连接到我的工作场所的网络"，如图 13-7 所示。

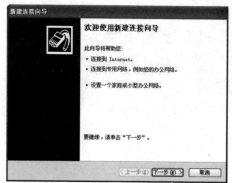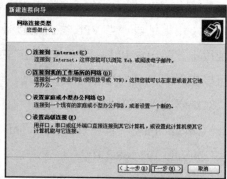

图13-6　新建连接　　　　　　图13-7　选择网络连接类型

下一步，选择网络连接为"虚拟专用网络连接（V）"，如图 13-8 所示。选择下一步，任意输入一个连接名字 amy，单击下一步，在 VPN 服务器选择中输入 VPN 服务器连接互联网的 IP 地址 222.222.222.20，如图 13-9 所示。在下一步中单击"完成"按钮，弹出 amy 连接窗口，输入用户名 amy 和密码 123456，选择"连接"，如图 13-10 所示。

如图 13-11 所示，amy 显示已连接上，然后在 dos 命令窗口中输入 ipconfig 命令，观察 ppp 对应的 IP 地址为 192.168.1.150，如图 13-12 所示。

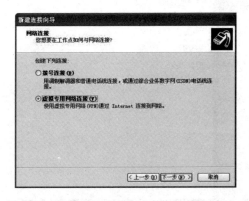

图13-8　网络连接

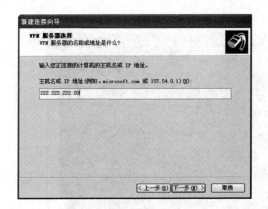

图13-9　VPN服务器选择

图13-10　用户远程登录

图13-11　amy用户已连接

```
C:\WINDOWS\system32\cmd.exe

C:\Documents and Settings\Administrator>ipconfig

Windows IP Configuration


Ethernet adapter 本地连接:

        Connection-specific DNS Suffix  . :
        IP Address. . . . . . . . . . . . : 172.16.82.223
        Subnet Mask . . . . . . . . . . . : 255.255.255.0
        Default Gateway . . . . . . . . . : 172.16.82.254

PPP adapter amy:

        Connection-specific DNS Suffix  . :
        IP Address. . . . . . . . . . . . : 192.168.1.150
        Subnet Mask . . . . . . . . . . . : 255.255.255.255
        Default Gateway . . . . . . . . . : 192.168.1.150

C:\Documents and Settings\Administrator>
```

图13-12　远程客户端主机获取的IP地址

13.3　项目实训

实训背景

VPN 服务器有 eth0 和 eth1 两个网络接口。其中 eth0 用于连接内网，IP 地址为 192.168.1.2；eth1 用于连接外网，IP 地址为 172.16.82.60。VPN 客户端通过 Internet 网络与 VPN 服务器连接后，可访问局域网内部的服务器。建立 VPN 连接后，分配给 VPN 服务器的 IP 地址为 192.168.3.100，分配给 VPN 客户端的 IP 地址为 192.168.1.200～192.168.1.220，192.168.1.230～192.168.1.240。客户端可以以用户名 king、密码 123456 和 VPN 服务器建立连接，建立连接后获得的 IP 地址为 192.168.1.221。拓扑图如图 13-13 所示。

图13-13　VPN实验图

实训任务

配置 VPN 服务器与客户端。

实训目的

● 掌握 Linux 中 VPN 服务器的安装和配置；

● 掌握 Linux 中 VPN 客户端的配置。

实训步骤

1.配置 VPN 服务器

检测系统是否安装了 VPN 服务器对应的软件包，如果没有安装则进行安装（或者应用 rpm 安装软件包）。

（1）安装软件包

pptpd-1.3.4-2.rhel5.i386.rpm

dkms-2.0.17.5-1.noarch.rpm

kernel_ppp_mppe-1.0.2-3dkms.noarch.rpm

注意：安装 kernel_ppp_mppe-1.0.2-3dkms.noarch.rpm 这个软件包时，需要安装 gcc。安装以上几个软件包的时候如果用命令安装不了，则可以到图形化界面强行安装。

（2）配置 VPN 服务器

STEP 1 VPN 服务器需要配置 2 个以上的网络接口。

STEP 2 启动 Linux 路由转发功能。

STEP 3 设置 VPN 可以穿透防火墙。

STEP 4 修改相应的配置文件。

STEP 5 配置账号文件密码 123456。

STEP 6 添加 king 用户密码 123456。

STEP 7 重启 pptpd 服务。

（3）Windows 客户端测试

STEP 1 在网上邻居新建一个连接，在网络连接中选择"虚拟专用网络连接"，在 VPN 服务器选择中输入 VPN 服务器的 IP 地址，然后根据提示完成操作；

STEP 2 在连接中输入 VPN 服务器端设置的用户名和密码，登录连接 VPN 服务器；

STEP 3 客户端主机使用 ping 命令观察数据包，检测与 VPN 服务器是否连通。